数学姫
浦島太郎の挑戦

小松建三

数学書房

プロローグ

　玉手箱を開けて老人になった浦島太郎．あてもなくトボトボと歩いていると，それはそれは美しいお姫さまに声をかけられました．

姫　　浦島さま．浦島太郎さまではございませんか？
浦島　はい．あなたさまは？
姫　　わらわは数学姫と申します．龍宮城の乙姫さまより，浦島さまに数学をお教えして脳を若返らせてさしあげるようご依頼がありました．環境がすっかり変わってさぞお困りでしょう．わらわの屋敷にしばらくご滞在になり，社会復帰をめざして充電なさいませ．
浦島　玉手箱を開けたとたん，見知らぬ世界にただ一人投げ出されてしまいました．どうしたらよいのか途方に暮れておりましたところ，思いがけずありがたいお言葉．夢のようでございます．
姫　　こちらでございます，浦島さま．

●数学姫の館，我臼(がうす)の間にて

姫　　さぞお疲れでしょう．お茶を召し上がれ．
浦島　ありがとう存じます．ああ，おいしい．お茶は身体に良い，とくに目に良いそうですな．お茶目というくらいで．
姫　　干し柿をどうぞ．
浦島　干し柿．大好物でございます．「ほしがき」を初めて食べたのは，星(ほし)がきれいな夜でした・・・
姫　　ポエムですね．

浦島　こちらの花はランですね．

姫　　はい．

浦島　花があっち向いたりこっち向いたり，シッチャカメッチャカで収拾がつきませんな．

姫　　「応仁のラン」と申します．

浦島　すばらしい！

姫　　乙姫さまからうかがったのですが，浦島さまは龍宮城で数学を勉強なさったとか．

浦島　はい．あまりアタマを使わないと社会復帰できなくなってしまうということで，中学校で習う数学を一通り教えて頂きました．玉手箱を開けたとたんにすべて忘れてしまったかもしれませんが･･･

姫　　それはそれは．では中学数学の復習も兼ねながら，「線形代数」を勉強することにしましょう．計算が＋－×÷の四則演算だけですから，微分積分とくらべて入りやすいと思います．

浦島　「せんけいだいすう」ですか．むずかしそうですなあ．

姫　　そんなことはありません．明日から毎朝 10 時にこの我臼(がうす)の間においで下さい．新しいノートとエンピツをさし上げますので毎回お持ち下さい．脳の活性化は浦島さまの社会復帰第一歩でございますよ．

浦島　ありがとう存じます．龍宮城におりましたとき，毎日「龍宮体操」という体操をやっておりました．体操はたいそう疲れましたが，おかげで体力には自信があります．

姫　　それは何よりですわ．

浦島　若い女性が 3 人，部屋に入って来られましたが．

姫　　浦島さまの身の回りのお世話をする腰元たちでございます．左から順に，舞，順子，桃子と申します．何なりとお申し付け下さい．

浦島　浦島太郎，お世話になります．いやあ，みんな若いですなあ．なにやら心がウキウキしてまいりました．

姫　　もう一人，浦島さまにご紹介したい者がおります．これ，宗どの，宗どの．

宗　お呼びでございますか．

姫　浦島さま，当家の重役，宗出所之助（そうでしょのすけ）でございます．何かお困りのことがありましたらご相談下さい．

宗　初めてお目にかかります．宗出所之助と申します．よろしくお願いいたします．

浦島　こちらこそ，こんな年寄りですがよろしくお願いいたします．それにしても「出所之助」とは変わったお名前ですなあ．

宗　でしょでしょ，そうでしょ？

浦島　一発でおぼえられるよいお名前で，気に入りました．

宗　ちなみに娘の名前は「快奈」といいます．宗快奈（そうかいな）．これも一発でおぼえられます．でしょでしょ？

浦島　いやあ，すばらしい．

姫　「龍宮の間」を浦島さまのお部屋ということにいたします．宗どの，浦島さまを龍宮の間にご案内して下さい．

● 龍宮の間にて

宗　こちらが龍宮の間，浦島さまのお部屋でございます．

浦島　すばらしいですなあ．龍宮城を思い出しました．

宗　でしょでしょ？　龍宮城をモデルにこの部屋を作ったのですよ．浦島さまにピッタリでしょ？

浦島　江戸城を築いた人ですな．

宗　は？

浦島　ドウカンですな．

宗　かなり高度なギャグでどう対応してよいかわかりませぬ．こちらが洗面所とトイレ，こちらが風呂になっております．

浦島　部屋に専用の風呂ですか．ぜいたくですなあ．

宗　龍宮の間のななめ向かいに床屋がおります．髪を整え，ヒゲをそってサッパリなさいませ．ほどなく腰元たちが着替えと夕食を持って参ります．今夜はゆっくりとお休み下さい．

浦島　何から何までお心づかい頂き恐縮です．玉手箱を開けた直後は絶望のどん底に落とされましたが，何やら前向きに生きようという希望が出てまいりましたぞ．

宗　　でしょでしょ，そうでしょ？　姫さまがお待ちでございます．お手数ですがもう一度我臼の間にお戻り下さい．

● ふたたび我臼の間にて

姫　　龍宮の間，いかがでございます？

浦島　いやあ「すばらしい」の一言！　感謝感激雨あられ．お礼の言葉も見つかりませぬ．

姫　　浦島さまは乙姫さまの大恩人でございます．遠慮はご無用でございますよ．ところで，これから線形代数を学んでいくわけですが，線形代数という言葉のイメージはどんなものでしょう？

浦島　そうですなあ．代数というと「方程式」を連想しますが．

姫　　なるほど．

浦島　線形というのは茶道に関係がありますかな？

姫　　は？

浦島　表せんけい裏せんけい．

姫　　浦島さまの感性はすばらしいですね．感心しました．茶道には関係ありません．線形というのは，直線とか平面とか，何か「まっすぐなもの」といったイメージでしょうか．先ほど「方程式」とおっしゃいましたが，「連立1次方程式」は線形代数と密接な関係があります．

浦島　線形代数というのは実際に役に立つのですか？

姫　　微分積分と並んで「実際に役に立つ数学」の代表選手と言ってよいでしょう．

浦島　何に使うのですか？

姫　　理系文系を問わず様々な分野で使われます．たとえば金融数学やポートフォリオ理論にも登場しますのよ．

浦島　ポートフォリオ理論？

姫　　資産運用に関する理論です．

浦島　ワシは高齢者ゆえ，年金とか資産運用には大いに関心がありますぞ．

姫　　そうだろうと思いました．線形代数をテーマに選んだのは，そのことも一つの理由です．

浦島　予備知識は必要なのですか？

姫　　中学校の数学で十分です．

浦島　龍宮城で中学数学は一応教わりましたが，忘れてしまっただろうなあ．

姫　　思い出していただけるようにゆっくり説明しますのでご心配には及びません．目標といいますか，課題のようなものがあった方がよいでしょう．最初に問題を一つ出しておきます．

●問題　行列 $\begin{pmatrix} 0 & 7 \\ 1 & 3 \end{pmatrix}$ を A とおく．このとき A^n を求めよ($n = 1, 2, 3, \cdots$)．

姫　　まだ「行列」の定義もしていませんから，何のことだかおわかりにならなくて当然です．この問題を浦島さまの課題として差し上げておきましょう．

浦島　課題でございますか．いやあ，なんとも無味乾燥な問題ですなあ．

姫　　お気に召しませんか？

浦島　何と申しましょうか，その…，色気がございません．失礼ですが，やる気が出てきません．

姫　　ま．それではちょっと工夫して，演出をしましょう．色気と言えば，先ほど若い腰元たち3人をご紹介しましたね．

浦島　はい．舞，順子，桃子という名前だったでしょうか．

姫　　その中の桃子のこと，浦島さま，どう思われますか？

浦島 　腰元たち3人ともヒジョーに魅力的ですが，とくに桃子はすばらしい！ さっき目と目が合った瞬間，思わず体がブルブルッとふるえました．一目ぼれでございます．ワシが社会復帰できたとき，桃子に結婚を申し込むつもりでございます．

姫 　ま．気の早いこと．ならばちょうどよろしゅうございます．先ほどの問題の行列

$$\begin{pmatrix} 0 & 7 \\ 1 & 3 \end{pmatrix}$$

をご覧下さい．上の段に 0, 7, 下の段に 1, 3 という数字が並んでいます．じつは桃子の誕生日は 7 月 13 日なのでございます．そこでこの行列を A ではなくて (桃子) と書くことにしましょう．

$$\begin{pmatrix} 0 & 7 \\ 1 & 3 \end{pmatrix} = (桃子).$$

ついでに問題の中の n という字は色気が無いので，これを i という字に変えてみましょう．すると先ほどの問題は次のように書くことができます．

●問題　行列 $\begin{pmatrix} 0 & 7 \\ 1 & 3 \end{pmatrix}$ を (桃子) とおく．このとき (桃子)^i を求めよ ($i = 1, 2, 3, \cdots$).

姫 　先ほどの問題と，数学的にはまったく同じものです．浦島さま，この文章を読んでごらんなさい．

浦島 　えーとなになに．(桃子)^i を求めよ．(桃子) の i 乗を求めよ．ナヌ？ 桃子の「あいじょう」を求めよ，ですと？

姫 　いかがでございます？

浦島 　すばらしい！「桃子のあいじょうを求めること」がワシに与えられた課題ということですな．これなら勇気百倍やる気マンマン．数学が苦手だなどとは言っておられません．全力投球で取り組みます！

姫　では，明朝 10 時からこの我臼の間で線形代数を楽しむことにいたしましょう．今夜は龍宮の間でゆっくりお休み下さい．

浦島　玉手箱を開けて一時はどうなることかと思いましたが，こうして姫さまに助けて頂き，本当に夢のようでございます．正直申し上げて数学はちょっと苦手ですが，明日からよろしくお願いいたします．

姫　大切なご注意です．数学を堅苦しく考えず，はじめのうちはゲーム感覚で楽しみましょう．最初は**ほとんどチンプンカンプンでもいい**のです．分からないところは適当にとばして下さい．

　ゲーム感覚で練習問題を解いてみましょう．正解が出ても出なくても，知らず知らず数学に慣れてきます．まず慣れること，そして体で覚えることが重要です．それによって，以前分からなかったところも少しずつ分かるようになってきます．数学の勉強は行ったり来たり，あせってはいけません．

　線形代数は「知的な遊び道具」にもなりますよ．お友達の名前を付けた行列を使って，いろいろな計算をしてみましょう．もしかするとステキな発見があるかもしれません．

●目次

プロローグ … i

第一話　行列の計算 (1) … 1

第二話　行列の計算 (2) … 14

第三話　行列式の計算 … 26

第四話　逆行列の計算 … 38

第五話　クラメールの公式 … 57

休憩タイム　ピタゴラスの池 … 70

第六話　中学数学の復習 … 76

第七話　固有値の計算 … 94

第八話　固有ベクトルの計算 … 107

第九話　行列の対角化 … 123

第十話　あいじょう物語 … 142

エピローグ … 165

あとがき … 168

索引 … 169

● 第一話

行列の計算 (1)

姫 　夕べはお休みになれましたか？

浦島 　疲れていたものかバタンキューで寝てしまいました．夜中に目がさめて，もう一度寝ようとしましたが，きのう頂戴したキョーレツな課題を思い出して眠れなくなってしまいました．

姫 　あら．刺激が強すぎたかしら．

浦島 　そこで「ヒツジが1匹，ヒツジが2匹，…」と数えてみました．ところがますます目がさえて，「ヒツジが2828匹」まで数えて時計を見たら「もうひつじ(7時)」．ヒツジを数えて眠る方法は使えないと痛感した次第です．

姫 　それでは睡眠不足では？

浦島 　いえ．夜中まで熟睡しましたので十分です．パッチリ目はさめております．

姫 　パッチリですか．ではバッチリですね．予定通り始めることにしましょう．最初は言葉の定義ばかりで退屈するかもしれませんが，ちょっと我慢して下さい．

● 行列

姫　たとえば
$$\begin{pmatrix} 1 & 1 \\ 5 & 0 \end{pmatrix}, \quad \begin{pmatrix} -1 & 2 & -\dfrac{1}{2} \\ 1 & 1 & -1 \end{pmatrix}, \quad \begin{pmatrix} \sqrt{2} & -\sqrt{3} \\ 0 & -2 \\ \dfrac{1}{3} & \dfrac{\sqrt{5}}{2} \end{pmatrix}$$

などのように，いくつかの数を正方形または長方形の形に並べてカッコ ( ) を付けたものを**行列**といいます．英語ではマトリックス (matrix) といいます．行列の中に並んでいるそれぞれの数のことを，その行列の**成分**といいます．

浦島　なるほど．すると昨日の問題の中に出てきた
$$(桃子) = \begin{pmatrix} 0 & 7 \\ 1 & 3 \end{pmatrix}$$

は行列で，この行列 (桃子) の成分は
$$0, \quad 7, \quad 1, \quad 3$$

ということになるわけですな．

姫　その通りです．

　　一般に，行列を $A, B, C, \cdots$ などの文字を使って表します．行列の中でヨコに並んでいる数を**行**といい，上から，第 1 行，第 2 行，$\cdots$ と数えます．たとえば行列
$$A = \begin{pmatrix} a & b & c \\ d & e & f \end{pmatrix}$$

の第 1 行は (a, b, c)，第 2 行は (d, e, f) となります．

浦島　なるほど．そうすると
$$(桃子) = \begin{pmatrix} 0 & 7 \\ 1 & 3 \end{pmatrix}$$

の第 1 行は $(0, 7)$，第 2 行は $(1, 3)$ ということですな．

姫　行列の中でタテに並んでいる数を**列**といい，左から順に第 1 列，第 2 列，$\cdots$ と数えます．たとえば行列

$$A = \begin{pmatrix} a & b & c \\ d & e & f \end{pmatrix}$$

の第 1 列は $\begin{pmatrix} a \\ d \end{pmatrix}$, 第 2 列は $\begin{pmatrix} b \\ e \end{pmatrix}$, 第 3 列は $\begin{pmatrix} c \\ f \end{pmatrix}$ となります.

浦島 ウーン, だんだんややこしくなってきました. 列は左から数えるのですな. そうすると

$$(桃子) = \begin{pmatrix} 0 & 7 \\ 1 & 3 \end{pmatrix}$$

の第 1 列は $\begin{pmatrix} 0 \\ 1 \end{pmatrix}$, 第 2 列は $\begin{pmatrix} 7 \\ 3 \end{pmatrix}$ ということですか.

姫 その通りです. 行の番号を**行番号**, 列の番号を**列番号**といいます. 行番号と列番号を両方指定すれば, 行列の中のどの位置にある成分のことかがはっきりします.

$$(行番号, 列番号)$$

という 2 重の番号をつけて, 行列の (1, 1) 成分, (1, 2) 成分, (2, 1) 成分, (2, 2) 成分, ⋯ というふうに, どの位置にある成分のことかをはっきりさせます.

浦島 なんだか難しくなってきたなあ.

姫 いえいえ, そんなことはありません. たとえば

$$(桃子) = \begin{pmatrix} 0 & 7 \\ 1 & 3 \end{pmatrix}$$

の (1, 1) 成分, (1, 2) 成分, (2, 1) 成分, (2, 2) 成分はなんでしょうか, 浦島さま?

浦島 ウーン. なんとか成分というものがサッパリわかりません.

姫 番号が 2 つ付いていますが, 左側が行番号, 右側が列番号を表します.

浦島 そうすると (1, 1) 成分というのは, 行番号が 1 で列番号が 1 だから, 左上の成分ということですか?

姫　その通りです．
$$(桃子) の (1,1) 成分 = 0.$$
浦島　次の (1,2) 成分は，行番号が 1 で列番号が 2 だから，第 1 行と第 2 列，ということは右上の成分なので，
$$(桃子) の (1,2) 成分 = 7$$
となりますな．

姫　その通りです．

浦島　次の (2,1) 成分は行番号が 2 で列番号が 1 だから，第 2 行 (下の行) と第 1 列 (左の列)．左下の成分だから
$$(桃子) の (2,1) 成分 = 1$$
となります．最後の (2,2) 成分は行番号が 2 で列番号が 2 ですから第 2 行 (下の行) と第 2 列 (右の列)．てことは右下の成分だから
$$(桃子) の (2,2) 成分 = 3$$
となります．

姫　その通り，正解です．

浦島　なんとなくわかりましたが，すぐ忘れそうですなあ．

姫　行はヨコの並びで上から数える，列はタテの並びで左から数える，行番号と列番号の 2 重の番号を付けて成分の位置を表す，とおぼえて下さい．

● 正方行列

姫　行の個数と列の個数が等しい行列を **正方行列** といいます．たとえば，行列

$$\begin{pmatrix} 1 & 1 \\ -1 & -1 \end{pmatrix}, \quad \begin{pmatrix} 0 & 1 & -2 \\ 0 & 5 & 0 \\ -1 & -2 & 3 \end{pmatrix}, \quad \begin{pmatrix} 0 & 0 & 0 & 1 \\ 0 & 0 & 1 & 0 \\ 0 & 1 & 0 & 0 \\ 0 & 0 & 0 & 0 \end{pmatrix}$$

はいずれも

$$\text{行の個数} = \text{列の個数}$$

が成り立っているので，正方行列です．

浦島 正方形の形に数が並んでいる行列のことですな．

姫 とくに

$$\text{行の個数} = 2, \qquad \text{列の個数} = 2$$

である行列を **2 次の正方行列**といいます．

浦島 行列

$$(\text{桃子}) = \begin{pmatrix} 0 & 7 \\ 1 & 3 \end{pmatrix}$$

は行も列も 2 個なので，2 次の正方行列ですな．

姫 はい．一般に 2 次の正方行列は

$$A = \begin{pmatrix} a & b \\ c & d \end{pmatrix}$$

という形で表されますが，このとき

$$a = A \text{ の } (1,1) \text{ 成分},$$
$$b = A \text{ の } (1,2) \text{ 成分},$$
$$c = A \text{ の } (2,1) \text{ 成分},$$
$$d = A \text{ の } (2,2) \text{ 成分},$$

となるわけです．

● 行列の和

姫 2 次の正方行列は，普通の数と同じように足したり引いたりすることができます．2 つの行列

$$A = \begin{pmatrix} a & b \\ c & d \end{pmatrix}, \qquad B = \begin{pmatrix} a' & b' \\ c' & d' \end{pmatrix}$$

の和 $A + B$ を，

$$A + B = \begin{pmatrix} a + a' & b + b' \\ c + c' & d + d' \end{pmatrix}$$

で定義します．

浦島 えーと．記号で書かれているともう一つピンと来ませんが・・・

姫 成分どうしを加えるだけでよいのです．腰元の舞の誕生日は 4 月 6 日，順子の誕生日は 11 月 1 日ですので，

$$(舞) = \begin{pmatrix} 0 & 4 \\ 0 & 6 \end{pmatrix}, \quad (順子) = \begin{pmatrix} 1 & 1 \\ 0 & 1 \end{pmatrix}$$

と書くことにしましょう．

浦島 いいですなあ．桃子だけでなく舞と順子も登場しますか．ますます楽しくなってきました．

姫 では浦島さま，

$$(舞) + (順子)$$

という行列を計算してみて下さい．

浦島 先ほど「成分どうしを加えればよい」とおっしゃいました．そうすると，

$$(舞) + (順子) = \begin{pmatrix} 0 & 4 \\ 0 & 6 \end{pmatrix} + \begin{pmatrix} 1 & 1 \\ 0 & 1 \end{pmatrix}$$

$$= \begin{pmatrix} 0+1 & 4+1 \\ 0+0 & 6+1 \end{pmatrix}$$

$$= \begin{pmatrix} 1 & 5 \\ 0 & 7 \end{pmatrix}$$

ということでよろしいのですか？

姫 その通りです．では

$$(舞) + (桃子)$$

はどうなりますか？

浦島 えーと，

$$(桃子) = \begin{pmatrix} 0 & 7 \\ 1 & 3 \end{pmatrix}$$

でしたから，

$$(舞) + (桃子) = \begin{pmatrix} 0 & 4 \\ 0 & 6 \end{pmatrix} + \begin{pmatrix} 0 & 7 \\ 1 & 3 \end{pmatrix}$$

$$= \begin{pmatrix} 0+0 & 4+7 \\ 0+1 & 6+3 \end{pmatrix}$$

$$= \begin{pmatrix} 0 & 11 \\ 1 & 9 \end{pmatrix}$$

となります．

姫　正解です．

●行列の差

姫　引き算も同じように定義されます．行列

$$A = \begin{pmatrix} a & b \\ c & d \end{pmatrix}, \quad B = \begin{pmatrix} a' & b' \\ c' & d' \end{pmatrix}$$

の差 $A - B$ を，

$$A - B = \begin{pmatrix} a - a' & b - b' \\ c - c' & d - d' \end{pmatrix}$$

で定義します．

浦島　成分どうしで引き算をすればよいということですな．

姫　はい．では浦島さま，

$$(桃子) - (舞)$$

という行列を計算してみて下さい．

浦島　いやあ，腰元たちの顔が浮かんできて楽しいですなあ．数学というと「苦しい」とか「めんどくさい」という印象しかありませんでしたが，こんなにウキウキするとは思いませんでした．

$$(桃子) = \begin{pmatrix} 0 & 7 \\ 1 & 3 \end{pmatrix}, \quad (舞) = \begin{pmatrix} 0 & 4 \\ 0 & 6 \end{pmatrix}$$

ですから，成分どうしの差をとって

$$(桃子) - (舞) = \begin{pmatrix} 0 & 7 \\ 1 & 3 \end{pmatrix} - \begin{pmatrix} 0 & 4 \\ 0 & 6 \end{pmatrix}$$

$$= \begin{pmatrix} 0-0 & 7-4 \\ 1-0 & 3-6 \end{pmatrix}$$

$$= \begin{pmatrix} 0 & 3 \\ 1 & -3 \end{pmatrix}.$$

あらゃ？　マイナスの数が出てきましたぞ．

姫　正解です．では

$$(順子) - (桃子)$$

はどうなりますか？

浦島　えーと，

$$(順子) = \begin{pmatrix} 1 & 1 \\ 0 & 1 \end{pmatrix}$$

ですから，

$$(順子) - (桃子) = \begin{pmatrix} 1 & 1 \\ 0 & 1 \end{pmatrix} - \begin{pmatrix} 0 & 7 \\ 1 & 3 \end{pmatrix}$$

$$= \begin{pmatrix} 1-0 & 1-7 \\ 0-1 & 1-3 \end{pmatrix}$$

$$= \begin{pmatrix} 1 & -6 \\ -1 & -2 \end{pmatrix}$$

となります．

姫　正解です．

●零行列

姫　成分がすべて0である行列を**零行列**といって，記号 O で表します．
2次の正方行列の場合ですと

$$O = \begin{pmatrix} 0 & 0 \\ 0 & 0 \end{pmatrix}$$

となります．

浦島　大文字の O で表すわけですな．

姫　はい．和と差の定義から，

$$A + O = A, \quad A - O = A$$

が成り立つので，O は数の 0 に相当する性質を持っています．

● 行列のスカラー倍

姫　　行列 A のすべての成分に k という数をかけて得られる行列を kA で表します．

浦島　かけ算の記号は省略して書くのですか？

姫　　文字計算の場合と同様，$k \times A$ と書かずに kA と書きます．

浦島　なるほど．

姫　　では，浦島さま，行列

$$3(桃子)$$

を計算してみて下さい．

浦島　えーと，3(桃子) というのは行列 (桃子) の成分に 3 という数をかけて得られる行列ですから，

$$3(桃子) = 3\begin{pmatrix} 0 & 7 \\ 1 & 3 \end{pmatrix}$$
$$= \begin{pmatrix} 3\times 0 & 3\times 7 \\ 3\times 1 & 3\times 3 \end{pmatrix}$$
$$= \begin{pmatrix} 0 & 21 \\ 3 & 9 \end{pmatrix}$$

となりました．

姫　　正解です．

浦島　3(桃子) というのは桃子が 3 人いるみたいで奇妙ですな．

姫　　おもしろいことをおっしゃいますね．実際，

$$3(桃子) = (桃子) + (桃子) + (桃子)$$

となっていますよ．

浦島　いやあ，楽しいですなあ！

姫　行列 A に -1 をかけた行列 $(-1)A$ を $-A$ で表します.
$$-A = (-1)A.$$
たとえば
$$-\begin{pmatrix} 1 & -2 \\ -3 & 0 \end{pmatrix} = \begin{pmatrix} (-1)\times 1 & (-1)\times(-2) \\ (-1)\times(-3) & (-1)\times 0 \end{pmatrix}$$
$$= \begin{pmatrix} -1 & 2 \\ 3 & 0 \end{pmatrix}.$$
$-A$ は，A の各成分の符号を変えた行列です．したがって
$$A + (-A) = O$$
となります．

浦島　なるほど．

姫　ちなみに
$$1A = A, \qquad 0A = O$$
は定義から明らかでしょう．

●例題1　次の行列を計算せよ．

（1）　$5(舞) - 7(順子)$　　　（2）　$\dfrac{1}{3}(順子) + \dfrac{1}{2}(桃子)$

姫　腕だめしの練習問題ですが，いかがですか？

浦島　腰元たちの顔が頭の中でグルグル回って計算の順序がわかりません．

姫　普通の数の計算と同じように，まずかけ算を先にやって足し算引き算をその後でやるのが基本です．

浦島　そうすると (1) の
$$5(舞) - 7(順子)$$
では $5(舞)$ と $7(順子)$ を先に計算して，そのあと引き算せよ，ということですな．

$$(\text{舞}) = \begin{pmatrix} 0 & 4 \\ 0 & 6 \end{pmatrix}, \qquad (\text{順子}) = \begin{pmatrix} 1 & 1 \\ 0 & 1 \end{pmatrix}$$

ですから,
$$5(\text{舞}) = \begin{pmatrix} 5\times 0 & 5\times 4 \\ 5\times 0 & 5\times 6 \end{pmatrix} = \begin{pmatrix} 0 & 20 \\ 0 & 30 \end{pmatrix},$$
$$7(\text{順子}) = \begin{pmatrix} 7\times 1 & 7\times 1 \\ 7\times 0 & 7\times 1 \end{pmatrix} = \begin{pmatrix} 7 & 7 \\ 0 & 7 \end{pmatrix}.$$

引き算すると
$$5(\text{舞}) - 7(\text{順子}) = \begin{pmatrix} 0 & 20 \\ 0 & 30 \end{pmatrix} - \begin{pmatrix} 7 & 7 \\ 0 & 7 \end{pmatrix}$$
$$= \begin{pmatrix} 0-7 & 20-7 \\ 0-0 & 30-7 \end{pmatrix}$$
$$= \begin{pmatrix} -7 & 13 \\ 0 & 23 \end{pmatrix}.$$

姫 なるほど.

浦島 (2) は
$$\frac{1}{3}(\text{順子}) + \frac{1}{2}(\text{桃子})$$
ですから,まず $\frac{1}{3}(\text{順子})$ と $\frac{1}{2}(\text{桃子})$ を先に計算してあとから足せばいいのですな.
$$\frac{1}{3}(\text{順子}) = \frac{1}{3}\begin{pmatrix} 1 & 1 \\ 0 & 1 \end{pmatrix} = \begin{pmatrix} \frac{1}{3} & \frac{1}{3} \\ 0 & \frac{1}{3} \end{pmatrix},$$
$$\frac{1}{2}(\text{桃子}) = \frac{1}{2}\begin{pmatrix} 0 & 7 \\ 1 & 3 \end{pmatrix} = \begin{pmatrix} 0 & \frac{7}{2} \\ \frac{1}{2} & \frac{3}{2} \end{pmatrix}.$$

足し算すると
$$\frac{1}{3}(\text{順子}) + \frac{1}{2}(\text{桃子}) = \begin{pmatrix} \frac{1}{3} & \frac{1}{3} \\ 0 & \frac{1}{3} \end{pmatrix} + \begin{pmatrix} 0 & \frac{7}{2} \\ \frac{1}{2} & \frac{3}{2} \end{pmatrix}$$

$$= \begin{pmatrix} \frac{1}{3}+0 & \frac{1}{3}+\frac{7}{2} \\ 0+\frac{1}{2} & \frac{1}{3}+\frac{3}{2} \end{pmatrix}.$$

ありゃりゃ，分数計算が出てきたぞ．えーと，
$$\frac{1}{3}+\frac{7}{2}$$
はどうやって計算するんだったかなあ…

姫 「通分」という言葉，おぼえていらっしゃいます？

浦島 思い出しました．分母を共通にしてから計算する，でしたな．
$$\frac{1}{3}=\frac{1\times 2}{3\times 2}=\frac{2}{6},$$
$$\frac{7}{2}=\frac{7\times 3}{2\times 3}=\frac{21}{6}$$
なので，
$$\frac{1}{3}+\frac{7}{2}=\frac{2}{6}+\frac{21}{6}$$
$$=\frac{2+21}{6}$$
$$=\frac{23}{6}.$$
同じようにして，
$$\frac{1}{3}+\frac{3}{2}=\frac{2}{6}+\frac{9}{6}$$
$$=\frac{11}{6}.$$
したがって
$$\frac{1}{3}(順子)+\frac{1}{2}(桃子)=\begin{pmatrix}\frac{1}{3} & \frac{23}{6} \\ \frac{1}{2} & \frac{11}{6}\end{pmatrix}$$
となりました．

姫 正解です．$\frac{1}{6}$ を行列の外に出して
$$\frac{1}{3}(順子)+\frac{1}{2}(桃子)=\frac{1}{6}\begin{pmatrix}2 & 23 \\ 3 & 11\end{pmatrix}$$
としても結構です．

●例題 1 の答　（ 1 ）　$5(舞) - 7(順子) = \begin{pmatrix} -7 & 13 \\ 0 & 23 \end{pmatrix}$

（ 2 ）　$\dfrac{1}{3}(順子) + \dfrac{1}{2}(桃子) = \begin{pmatrix} \dfrac{1}{3} & \dfrac{23}{6} \\ \dfrac{1}{2} & \dfrac{11}{6} \end{pmatrix} = \dfrac{1}{6}\begin{pmatrix} 2 & 23 \\ 3 & 11 \end{pmatrix}$

姫　きょうは初日ですのでこれくらいにしておきましょう．明日は行列のかけ算をやります．これはちょっとおもしろいですよ．期待して下さい．

浦島　そうですか．楽しみですなあ．

姫　宿題をさし上げます．明日までに解いてみて下さいね．

●宿題 1

次の行列を計算せよ．

（ 1 ）　$7(舞) - 3(順子)$　　　（ 2 ）　$\dfrac{1}{2}(舞) - \dfrac{3}{5}(桃子)$

ただし

$(舞) = \begin{pmatrix} 0 & 4 \\ 0 & 6 \end{pmatrix}$,　　$(順子) = \begin{pmatrix} 1 & 1 \\ 0 & 1 \end{pmatrix}$,　　$(桃子) = \begin{pmatrix} 0 & 7 \\ 1 & 3 \end{pmatrix}$

とする．

● 第二話

行列の計算(2)

●宿題1の答

(1) $7(舞) - 3(順子) = \begin{pmatrix} -3 & 25 \\ 0 & 39 \end{pmatrix}$

(2) $\dfrac{1}{2}(舞) - \dfrac{3}{5}(桃子) = \begin{pmatrix} 0 & -\dfrac{11}{5} \\ -\dfrac{3}{5} & \dfrac{6}{5} \end{pmatrix} = \dfrac{1}{5}\begin{pmatrix} 0 & -11 \\ -3 & 6 \end{pmatrix}$

姫　クイズです．キャラメルが食べたいのに，家にありません．どうします？

浦島　あきゃらめる．

姫　正解です．

浦島　龍宮城では「クイズ研究会」に所属しておりましたので，クイズは得意でございます．

姫　宿題はいかがでしたか？

浦島　(2) は分数の計算が出てきましたが，
$$2 - \frac{21}{5} = \frac{2 \times 5}{5} - \frac{21}{5} = \frac{10}{5} - \frac{21}{5}$$
$$= \frac{10 - 21}{5} = \frac{-(21-10)}{5} = \frac{-11}{5},$$
$$3 - \frac{9}{5} = \frac{3 \times 5}{5} - \frac{9}{5} = \frac{15}{5} - \frac{9}{5}$$
$$= \frac{15-9}{5} = \frac{6}{5}$$

として何とか答にたどりつきました．

姫　分数計算は思い出していただけたようですね．慣れるまでは「計算ちがいの嵐」でもガッカリしないで下さい．まず「体で覚えること」が大切です．

● 行列の積

姫　2次の正方行列は足し算，引き算だけでなくかけ算が可能です．定義は
$$\begin{pmatrix} a & b \\ c & d \end{pmatrix} \begin{pmatrix} e & f \\ g & h \end{pmatrix} = \begin{pmatrix} ae+bg & af+bh \\ ce+dg & cf+dh \end{pmatrix}$$
で，ちょっとややこしいでしょう．

浦島　いやあ，文字がごちゃごちゃして，全然ピンと来ませんなあ．

姫　最初は仕方ありません．慣れてくると，自然に手が動くようになります．

浦島　$ae + bg$ というのはどういう意味でしょうか？

姫　文字計算ではかけ算記号を省略するので，
$$ae + bg = (a \times e) + (b \times g)$$
という意味になります．

浦島　なるほど．

姫　行列の積を計算するとき，左側の行列にヨコ線を，右側の行列にタテ線を書いておくとわかりやすいかもしれません．すなわち，

$$\begin{pmatrix} a & b \\ \hline c & d \end{pmatrix} \begin{pmatrix} e & f \\ g & h \end{pmatrix} \begin{pmatrix} ae+bg & af+bh \\ ce+dg & cf+dh \end{pmatrix}.$$

浦島　なるほど．かけてかけて足す，というのを4回やるわけですな．

姫　　その通りです．では浦島さま，行列

$$(舞)(順子)$$

を計算してみて下さい．

浦島　舞と順子の顔を思い出しながらやってみましょう．

$$(舞)(順子) = \begin{pmatrix} 0 & 4 \\ \hline 0 & 6 \end{pmatrix} \begin{pmatrix} 1 & 1 \\ 0 & 1 \end{pmatrix}$$

$$= \begin{pmatrix} 0\times1+4\times0 & 0\times1+4\times1 \\ 0\times1+6\times0 & 0\times1+6\times1 \end{pmatrix}$$

$$= \begin{pmatrix} 0 & 4 \\ 0 & 6 \end{pmatrix}.$$

ありゃりゃ？

$$(舞)(順子) = (舞)$$

になってしまいました！

姫　　おもしろいですね．それでは

$$(順子)(舞)$$

を計算してみて下さい．

浦島　どれどれ．

$$(順子)(舞) = \begin{pmatrix} 1 & 1 \\ \hline 0 & 1 \end{pmatrix} \begin{pmatrix} 0 & 4 \\ 0 & 6 \end{pmatrix}$$

$$= \begin{pmatrix} 1\times0+1\times0 & 1\times4+1\times6 \\ 0\times0+1\times0 & 0\times4+1\times6 \end{pmatrix}$$

$$= \begin{pmatrix} 0 & 10 \\ 0 & 6 \end{pmatrix}$$

となりました．

姫　　はい．ですから

$$(舞)(順子) \neq (順子)(舞)$$

となっています．数の計算とちがって行列の場合は
$$AB = BA$$
が成り立つとは限らないのです．

浦島 なるほど．

姫 ところで浦島さまのお誕生日はいつですか？

浦島 ワシの誕生日ですか？ いやあずいぶん昔のことでよく覚えております．たぶん 1 月 10 日だったと思うのですがあまり自信はありません．

姫 それでは 0, 1 を第 1 行，1, 0 を第 2 行に並べて
$$(\text{浦島}) = \begin{pmatrix} 0 & 1 \\ 1 & 0 \end{pmatrix}$$
と書くことにしましょう．この行列はなかなかおもしろい性質をもっていますよ．

浦島 ほう．

姫 2 次の正方行列の左から (浦島) をかけてみましょう．
$$(\text{浦島}) \begin{pmatrix} a & b \\ c & d \end{pmatrix} = \begin{pmatrix} 0 & 1 \\ 1 & 0 \end{pmatrix} \begin{pmatrix} a & b \\ c & d \end{pmatrix}$$
$$= \begin{pmatrix} c & d \\ a & b \end{pmatrix}$$
となって，行列の第 1 行と第 2 行が入れ替わります．すなわち
$$(\text{浦島}) \begin{pmatrix} a & b \\ c & d \end{pmatrix} = \begin{pmatrix} c & d \\ a & b \end{pmatrix}.$$

浦島 上と下がひっくりかえりますな．

姫 今度は (浦島) を右からかけてみましょう．
$$\begin{pmatrix} a & b \\ c & d \end{pmatrix} (\text{浦島}) = \begin{pmatrix} a & b \\ c & d \end{pmatrix} \begin{pmatrix} 0 & 1 \\ 1 & 0 \end{pmatrix}$$
$$= \begin{pmatrix} b & a \\ d & c \end{pmatrix}.$$
すなわち

$$\begin{pmatrix} a & b \\ c & d \end{pmatrix} (浦島) = \begin{pmatrix} b & a \\ d & c \end{pmatrix}.$$

行列の第 1 列と第 2 列が入れ替わります．

浦島　左と右がひっくりかえりますな．

姫　ね．おもしろいでしょう！

● 3 つの行列の積

姫　今度は 3 つの行列の積を考えてみましょう．浦島さま，次の行列を計算してみて下さい．

$$(舞)(浦島)(桃子)$$

浦島　いいなあいいなあ！　浦島が舞と桃子にはさまれてサンドイッチ状態！　アタマの中に絵が浮かんできましたぞ．

姫　下品な想像をしてはいけませんよ．数学ですからね．ところでこの積はちょっと問題があります．

浦島　とおっしゃいますと？

姫　(舞)(浦島) を先に計算して (桃子) を右からかけるのか，それとも (浦島)(桃子) を先に計算して (舞) を左からかけるのか，はっきりしないでしょう．

浦島　ははあ．

姫　ですから

$$\{(舞)(浦島)\}(桃子) = (舞)\{(浦島)(桃子)\}$$

が成り立つかどうかが問題なのです．

浦島　なるほど．えーと，

$$(舞) = \begin{pmatrix} 0 & 4 \\ 0 & 6 \end{pmatrix}, \quad (浦島) = \begin{pmatrix} 0 & 1 \\ 1 & 0 \end{pmatrix}, \quad (桃子) = \begin{pmatrix} 0 & 7 \\ 1 & 3 \end{pmatrix}$$

なので，

$$(舞)(浦島) = \begin{pmatrix} 0 & 4 \\ 0 & 6 \end{pmatrix} \begin{pmatrix} 0 & 1 \\ 1 & 0 \end{pmatrix} = \begin{pmatrix} 4 & 0 \\ 6 & 0 \end{pmatrix}$$

ですから

$$\{(舞)(浦島)\}(桃子) = \begin{pmatrix} 4 & 0 \\ \underline{6} & \underline{0} \end{pmatrix} \begin{pmatrix} 0 & \bigg| & 7 \\ 1 & \bigg| & 3 \end{pmatrix}$$
$$= \begin{pmatrix} 0 & 28 \\ 0 & 42 \end{pmatrix}$$

となります．

姫　(舞)(浦島) を先に計算するとそうなりますね．では (浦島)(桃子) を先に計算するとどうなるでしょう．

浦島　えーと，

$$(浦島)(桃子) = \begin{pmatrix} 0 & 1 \\ \underline{1} & \underline{0} \end{pmatrix} \begin{pmatrix} 0 & \bigg| & 7 \\ 1 & \bigg| & 3 \end{pmatrix}$$
$$= \begin{pmatrix} 1 & 3 \\ 0 & 7 \end{pmatrix}$$

となるので，

$$(舞)\{(浦島)(桃子)\} = \begin{pmatrix} 0 & 4 \\ \underline{0} & \underline{6} \end{pmatrix} \begin{pmatrix} 1 & \bigg| & 3 \\ 0 & \bigg| & 7 \end{pmatrix}$$
$$= \begin{pmatrix} 0 & 28 \\ 0 & 42 \end{pmatrix}$$

となります．ははあなるほど．

$$\{(舞)(浦島)\}(桃子) = (舞)\{(浦島)(桃子)\}$$

となっていますな．

● **積の結合法則**

姫　3つの行列の積に関して次のことが成り立ちます．

A, B, C がいずれも 2 次の正方行列のとき，

$$(AB)C = A(BC)$$

姫　これを**結合法則**といいます．

浦島　結合法則！　いい名前ですなあ．舞と浦島が，浦島と桃子が結合しますか．いいなあいいなあ！

姫　下品な想像をしてはいけませんよ．数学ですからね．結合法則を確かめておきましょう

$$A = \begin{pmatrix} a & b \\ c & d \end{pmatrix}, \quad B = \begin{pmatrix} e & f \\ g & h \end{pmatrix}, \quad C = \begin{pmatrix} i & j \\ k & l \end{pmatrix}$$

とすると，

$$(AB)C = \begin{pmatrix} ae+bg & af+bh \\ ce+dg & cf+dh \end{pmatrix} \begin{pmatrix} i & j \\ k & l \end{pmatrix}$$

$$= \begin{pmatrix} (ae+bg)i + (af+bh)k & (ae+bg)j + (af+bh)l \\ (ce+dg)i + (cf+dh)k & (ce+dg)j + (cf+dh)l \end{pmatrix}$$

$$= \begin{pmatrix} aei+bgi+afk+bhk & aej+bgj+afl+bhl \\ cei+dgi+cfk+dhk & cej+dgj+cfl+dhl \end{pmatrix}$$

$$= \begin{pmatrix} a(ei+fk)+b(gi+hk) & a(ej+fl)+b(gj+hl) \\ c(ei+fk)+d(gi+hk) & c(ej+fl)+d(gj+hl) \end{pmatrix}$$

$$= \begin{pmatrix} a & b \\ c & d \end{pmatrix} \begin{pmatrix} ei+fk & ej+fl \\ gi+hk & gj+hl \end{pmatrix}$$

$$= A(BC)$$

となって，結合法則が成り立っていることがわかります．

浦島　途中の計算がすごいですなあ．

姫　文字計算が嫌いな方は目がまわるかもしれませんね．数の計算では

$$(x+y)z = xz + yz,$$
$$x(y+z) = xy + xz$$

という**分配法則**が成り立つので，それを何度も使っています．

浦島　なるほど．

姫　結合法則が成り立ちますので，3つの行列 A, B, C の積はカッコ（ ）を付けずに

$$ABC$$

で表します．

●例題 1　次の行列を計算せよ.

（1）(順子)(桃子)(舞)　　（2）(浦島)(桃子)(浦島)

姫　　いかがですか，浦島さま？

浦島　順番に計算していけばできそうな気がいたします.

$$(\text{順子}) = \begin{pmatrix} 1 & 1 \\ 0 & 1 \end{pmatrix}, \quad (\text{桃子}) = \begin{pmatrix} 0 & 7 \\ 1 & 3 \end{pmatrix}, \quad (\text{舞}) = \begin{pmatrix} 0 & 4 \\ 0 & 6 \end{pmatrix}$$

なので, (1) は

$$(\text{順子})(\text{桃子})(\text{舞}) = \begin{pmatrix} 1 & 1 \\ 0 & 1 \end{pmatrix} \begin{pmatrix} 0 & 7 \\ 1 & 3 \end{pmatrix} (\text{舞})$$

$$= \begin{pmatrix} 1 & 10 \\ 1 & 3 \end{pmatrix} \begin{pmatrix} 0 & 4 \\ 0 & 6 \end{pmatrix}$$

$$= \begin{pmatrix} 0 & 64 \\ 0 & 22 \end{pmatrix}$$

となります.

$$(\text{浦島}) = \begin{pmatrix} 0 & 1 \\ 1 & 0 \end{pmatrix}$$

ですから (2) は

$$(\text{浦島})(\text{桃子})(\text{浦島}) = \begin{pmatrix} 0 & 1 \\ 1 & 0 \end{pmatrix} \begin{pmatrix} 0 & 7 \\ 1 & 3 \end{pmatrix} (\text{浦島})$$

$$= \begin{pmatrix} 1 & 3 \\ 0 & 7 \end{pmatrix} \begin{pmatrix} 0 & 1 \\ 1 & 0 \end{pmatrix}$$

$$= \begin{pmatrix} 3 & 1 \\ 7 & 0 \end{pmatrix}$$

となります.

姫　　正解です.

●例題1の答　（1）(順子)(桃子)(舞) = $\begin{pmatrix} 0 & 64 \\ 0 & 22 \end{pmatrix}$

（2）(浦島)(桃子)(浦島) = $\begin{pmatrix} 3 & 1 \\ 7 & 0 \end{pmatrix}$

● 行列の i 乗

姫　4つの2次の正方行列 A, B, C, D の積についても
$$(AB)CD = A(BC)D = AB(CD)$$
が成り立ちますから，カッコを付けずに
$$ABCD$$
で表します．5つ以上の行列の積についても同様です．

浦島　なるほど．

姫　数の場合と同じように，同じ行列の積については
$$AA = A^2, \quad AAA = A^3, \quad AAAA = A^4, \quad \cdots$$
というふうに表します．A の2乗，A の3乗，A の4乗，… と読みます．ちなみに
$$A^1 = A$$
と定義しておきます．

●例題2　(舞)^2, (舞)^3 を計算せよ．

姫　いかがですか？

浦島　おもしろそうですな．やってみましょう．
$$(舞)^2 = (舞)(舞)$$
$$= \begin{pmatrix} 0 & 4 \\ 0 & 6 \end{pmatrix} \begin{pmatrix} 0 & 4 \\ 0 & 6 \end{pmatrix}$$

$$= \begin{pmatrix} 0 & 24 \\ 0 & 36 \end{pmatrix}$$

となりますから,
$$(舞)^3 = (舞)(舞)(舞)$$
$$= (舞)^2(舞)$$
$$= \begin{pmatrix} 0 & 24 \\ 0 & 36 \end{pmatrix} \begin{pmatrix} 0 & 4 \\ 0 & 6 \end{pmatrix}$$
$$= \begin{pmatrix} 0 & 144 \\ 0 & 216 \end{pmatrix}$$

で,できました.

姫　正解です.

●例題 2 の答　$(舞)^2 = \begin{pmatrix} 0 & 24 \\ 0 & 36 \end{pmatrix}$,　$(舞)^3 = \begin{pmatrix} 0 & 144 \\ 0 & 216 \end{pmatrix}$

姫　A の i 乗というのは,A を i 個かけた行列のことです.

浦島　$(桃子)^i$ の意味がやっとわかりました.しかし,これを求めるのは難しそうですなあ.どうしたらよいのかさっぱり見当がつきません.

姫　あせらず騒がず,楽しみながらじっくり考えていきましょう.

●分配法則

姫　数の場合と同様に,行列にも**分配法則**と呼ばれる性質があります.行列の計算をするときにも使うことがあります.

A,B,C がいずれも **2** 次の正方行列のとき,
$$A(B+C) = AB + AC,$$
$$(A+B)C = AC + BC$$
が成り立つ.

浦島 なんとなく「分配している」という感じで，イメージ的にはわかりやすいですな．

姫 そうですか．実際に確かめてみましょう．
$$A = \begin{pmatrix} a & b \\ c & d \end{pmatrix}, \quad B = \begin{pmatrix} e & f \\ g & h \end{pmatrix}, \quad C = \begin{pmatrix} i & j \\ k & l \end{pmatrix}$$
として計算すると，
$$\begin{aligned}
A(B+C) &= \begin{pmatrix} a & b \\ c & d \end{pmatrix} \left\{ \begin{pmatrix} e & f \\ g & h \end{pmatrix} + \begin{pmatrix} i & j \\ k & l \end{pmatrix} \right\} \\
&= \begin{pmatrix} a & b \\ c & d \end{pmatrix} \begin{pmatrix} e+i & f+j \\ g+k & h+l \end{pmatrix} \\
&= \begin{pmatrix} a(e+i)+b(g+k) & a(f+j)+b(h+l) \\ c(e+i)+d(g+k) & c(f+j)+d(h+l) \end{pmatrix} \\
&= \begin{pmatrix} ae+ai+bg+bk & af+aj+bh+bl \\ ce+ci+dg+dk & cf+cj+dh+dl \end{pmatrix} \\
&= \begin{pmatrix} ae+bg & af+bh \\ ce+dg & cf+dh \end{pmatrix} + \begin{pmatrix} ai+bk & aj+bl \\ ci+dk & cj+dl \end{pmatrix} \\
&= \begin{pmatrix} a & b \\ c & d \end{pmatrix} \begin{pmatrix} e & f \\ g & h \end{pmatrix} + \begin{pmatrix} a & b \\ c & d \end{pmatrix} \begin{pmatrix} i & j \\ k & l \end{pmatrix} \\
&= AB + AC,
\end{aligned}$$
すなわち
$$A(B+C) = AB + AC$$
であることがわかります．
$$(A+B)C = AC + BC$$
についても同様に確かめることができますよ．

浦島 なるほど．

姫 行列の性質をいくつか列挙しておきましょう．行列の計算をするときに使うことがあります．A, B, C は 2 次の正方行列，k, l はスカラーを表します．スカラーというのは数のことです．

- $A(B - C) = AB - AC$
- $(A - B)C = AC - BC$
- $k(AB) = (kA)B = A(kB)$
- $k(A + B) = kA + kB$
- $(k + l)A = kA + lA$
- $(kl)A = k(lA)$
- $AO = OA = O$

姫 これらの性質は計算によって直接確かめることができます．

浦島 ずいぶんたくさん出てきましたが，全部おぼえないといかんのでしょうか？

姫 いいえ．慣れてくれば自然に身に付きますから心配ありません．無理して丸暗記しなくても大丈夫ですよ．

浦島 そうですか．ひと安心しました．

姫 宿題をお出ししておきますね．

●宿題 2

次の行列を計算せよ．

（１）(順子)(舞)(桃子)　　（２）(桃子)(浦島)(舞)

（３）(順子)(浦島)(桃子)　（４）AKB

ただし，

$(順子) = \begin{pmatrix} 1 & 1 \\ 0 & 1 \end{pmatrix}$, $(舞) = \begin{pmatrix} 0 & 4 \\ 0 & 6 \end{pmatrix}$, $(桃子) = \begin{pmatrix} 0 & 7 \\ 1 & 3 \end{pmatrix}$,

$(浦島) = \begin{pmatrix} 0 & 1 \\ 1 & 0 \end{pmatrix}$, $A = \begin{pmatrix} 2 & -1 \\ 1 & 1 \end{pmatrix}$, $B = \dfrac{1}{3}\begin{pmatrix} 1 & 1 \\ -1 & 2 \end{pmatrix}$,

$K = \dfrac{1}{3}\begin{pmatrix} 16 & 4 \\ 8 & 20 \end{pmatrix}$

とする．

● 第三話

行列式の計算

●宿題 2 の答 （1） (順子)(舞)(桃子) $= \begin{pmatrix} 10 & 30 \\ 6 & 18 \end{pmatrix}$

（2） (桃子)(浦島)(舞) $= \begin{pmatrix} 0 & 28 \\ 0 & 18 \end{pmatrix}$ （3） (順子)(浦島)(桃子) $= \begin{pmatrix} 1 & 10 \\ 0 & 7 \end{pmatrix}$ （4） $AKB = \begin{pmatrix} 4 & 0 \\ 0 & 8 \end{pmatrix}$

姫 クイズです．白鳥はタバコを吸いますか？

浦島 すわん．

姫 正解です．宿題いかがでしたか？

浦島 行列の積はだいぶ慣れてきて自然に手が動くようになりました．ただ (4) はマイナスの数や分数が出てきて苦労しました．

姫 行列の積ではスカラーを前に出せるので，
$$AKB = \begin{pmatrix} 2 & -1 \\ 1 & 1 \end{pmatrix} \frac{1}{3} \begin{pmatrix} 16 & 4 \\ 8 & 20 \end{pmatrix} \frac{1}{3} \begin{pmatrix} 1 & 1 \\ -1 & 2 \end{pmatrix}$$

$$= \frac{1}{9}\begin{pmatrix} 2 & -1 \\ 1 & 1 \end{pmatrix}\begin{pmatrix} 16 & 4 \\ 8 & 20 \end{pmatrix}\begin{pmatrix} 1 & 1 \\ -1 & 2 \end{pmatrix}$$

$$= \frac{1}{9}\begin{pmatrix} 24 & -12 \\ 24 & 24 \end{pmatrix}\begin{pmatrix} 1 & 1 \\ -1 & 2 \end{pmatrix}$$

$$= \frac{1}{9}\begin{pmatrix} 36 & 0 \\ 0 & 72 \end{pmatrix}$$

$$= \begin{pmatrix} \frac{36}{9} & 0 \\ 0 & \frac{72}{9} \end{pmatrix}$$

$$= \begin{pmatrix} 4 & 0 \\ 0 & 8 \end{pmatrix}$$

となります．

● 2 次の行列式

姫　2 次の正方行列

$$A = \begin{pmatrix} a & b \\ c & d \end{pmatrix}$$

に対して，A の**行列式**とその値を

$$|A| = \begin{vmatrix} a & b \\ c & d \end{vmatrix} = ad - bc$$

で定義します．

浦島　$ad - bc$ というのは？

姫　文字式ではかけ算記号を省略しますから

$$ad - bc = a \times d - b \times c$$

という意味です．

浦島　なるほど．すると行列

$$(桃子) = \begin{pmatrix} 0 & 7 \\ 1 & 3 \end{pmatrix}$$

の場合は，ナナメにかけて引き算して

$$|(桃子)| = \begin{vmatrix} 0 & 7 \\ 1 & 3 \end{vmatrix} = 0 \times 3 - 7 \times 1$$

$$= 0 - 7$$
$$= -7$$

となるわけですな．

姫　その通りです．

●例題1　行列式の値を求めよ．

（1）$|(順子)|$　　（2）$\begin{vmatrix} 1 & 2 \\ 3 & 4 \end{vmatrix}$　　（3）$\begin{vmatrix} -1 & -2 \\ 3 & -4 \end{vmatrix}$

姫　いかがですか？

浦島　ナナメにかけて引き算するわけですから，(1) は
$$|(順子)| = \begin{vmatrix} 1 & 1 \\ 0 & 1 \end{vmatrix} = 1 \times 1 - 1 \times 0 = 1.$$

姫　なるほど．

浦島　(2) は
$$\begin{vmatrix} 1 & 2 \\ 3 & 4 \end{vmatrix} = 1 \times 4 - 2 \times 3 = 4 - 6 = -2.$$

(3) はマイナスの数の計算ですな．マイナスとプラスをかけるとマイナス，マイナスとマイナスをかけるとプラスですから，
$$\begin{vmatrix} -1 & -2 \\ 3 & -4 \end{vmatrix} = (-1) \times (-4) - (-2) \times 3$$
$$= 4 - (-6)$$
$$= 4 + 6$$
$$= 10$$

となります．

姫　正解です．マイナスの数の計算では計算ちがいがとても多いので，慣れるまでは時間をかけて慎重になさるとよろしいですよ．

●例題1の答　（1）1　　（2）−2　　（3）10

●行と列

姫　行列式の中でヨコに並んでいる数を**行**，タテに並んでいる数を**列**といいます．行は上から，列は左から順に数えます．ですから行列式

$$\begin{vmatrix} a & b \\ c & d \end{vmatrix}$$

の第1行は (a, b)，第2行は (c, d)，また第1列は $\begin{pmatrix} a \\ c \end{pmatrix}$，第2列は $\begin{pmatrix} b \\ d \end{pmatrix}$ となります．

浦島　行列のときと同じですな．

●行列式の性質

姫　次の問題はいかがですか，浦島さま？

●例題2　行列式の値を求めよ．

$$(1)\ \begin{vmatrix} 13714 & 3714 \\ 13715 & 3715 \end{vmatrix} \qquad (2)\ \begin{vmatrix} 1984 & 1985 \\ 51985 & 51986 \end{vmatrix}$$

浦島　ナナメにかけて

$$13714 \times 3715$$

うわあ，めんどくさ！

姫　行列式の性質を使うと，簡単に計算できるのです．(1) は第1行を第2行から引いて

$$\begin{vmatrix} 13714 & 3714 \\ 13715 & 3715 \end{vmatrix} = \begin{vmatrix} 13714 & 3714 \\ 1 & 1 \end{vmatrix}$$

$$= 13714 \times 1 - 3714 \times 1$$
$$= 13714 - 3714$$
$$= 10000$$

となります．(2) は第 1 列を第 2 列から引いて

$$\begin{vmatrix} 1984 & 1985 \\ 51985 & 51986 \end{vmatrix} = \begin{vmatrix} 1984 & 1 \\ 51985 & 1 \end{vmatrix}$$
$$= 1984 \times 1 - 1 \times 51985$$
$$= 1984 - 51985$$
$$= -50001$$

となります．

●例題 2 の答　（1）　10000　　（2）　−50001

浦島　なんだか手品を見ているようですが．
姫　行列式の性質を使いました．

行列式のある行を他の行に加えても（または引いても）行列式の値は変わらない．

行列式のある列を他の列に加えても（または引いても）行列式の値は変わらない．

姫　たとえば，行列式

$$\begin{vmatrix} a & b \\ c & d \end{vmatrix}$$

の第 1 行 (a, b) を第 2 行 (c, d) から引きますと，

$$\begin{vmatrix} a & b \\ c-a & d-b \end{vmatrix}$$

という行列式になりますが，その値は (ナナメにかけて引き算して)，

$$\begin{vmatrix} a & b \\ c-a & d-b \end{vmatrix} = a(d-b) - b(c-a)$$

30

$$= ad - ab - (bc - ba)$$
$$= ad - bc$$

となって，もとの行列式の値と変わりません．
あるいは，行列式

$$\begin{vmatrix} a & b \\ c & d \end{vmatrix}$$

の第1列 $\begin{pmatrix} a \\ c \end{pmatrix}$ を第2列 $\begin{pmatrix} b \\ d \end{pmatrix}$ から引きますと，

$$\begin{vmatrix} a & b-a \\ c & d-c \end{vmatrix}$$

という行列式になりますが，その値は

$$\begin{vmatrix} a & b-a \\ c & d-c \end{vmatrix} = a(d-c) - (b-a)c$$
$$= ad - ac - (bc - ac)$$
$$= ad - bc$$

ですから，行列式の値が変わってないことがわかります．

浦島 なるほど．

姫 もう少し一般に，次のことが成り立ちます．

行列式のある行を k 倍して他の行に加えても，行列式の値は変わらない．
行列式のある列を k 倍して他の列に加えても，行列式の値は変わらない．

姫 ここで k という数はなんでも良いのです．たとえば $k=1$ とすればただ単に「加える」ということになります．また $k=-1$ とすれば「引く」ということになります．

この性質は直接計算で確かめることができます．一つの場合だけやっておきましょう(他のケースも同様です)．行列式

$$\begin{vmatrix} a & b \\ c & d \end{vmatrix}$$

の第 2 行を k 倍して第 1 行に加えると

$$\begin{vmatrix} a+kc & b+kd \\ c & d \end{vmatrix}$$

という行列式ができますが，その値は

$$(a+kc)d - (b+kd)c$$
$$= ad + kcd - (bc + kdc)$$
$$= ad - bc + kcd - kdc$$
$$= ad - bc$$

となって，もとの行列式の値と同じです．

浦島 文字計算はどうも苦手というか，あまりピンと来ませんなあ．

姫 慣れないうちは仕方ありません．気にさらなくても大丈夫ですよ．行列式の計算でよく使う性質がもう 1 つあります．

　行列式のある行(または列)に共通因子があるときは，それを行列式の外にくくり出すことができる．

姫 すなわち，

$$\begin{vmatrix} ka & kb \\ c & d \end{vmatrix} = k \begin{vmatrix} a & b \\ c & d \end{vmatrix},$$

$$\begin{vmatrix} a & b \\ kc & kd \end{vmatrix} = k \begin{vmatrix} a & b \\ c & d \end{vmatrix},$$

$$\begin{vmatrix} ka & b \\ kc & d \end{vmatrix} = k \begin{vmatrix} a & b \\ c & d \end{vmatrix},$$

$$\begin{vmatrix} a & kb \\ c & kd \end{vmatrix} = k \begin{vmatrix} a & b \\ c & d \end{vmatrix}$$

ということです．これらの式は実際に行列式を計算して確かめることができます．右辺はかけ算記号を省略しているので，

$$k \begin{vmatrix} a & b \\ c & d \end{vmatrix} = k \times \begin{vmatrix} a & b \\ c & d \end{vmatrix}$$

という意味ですよ．

●例題 3　行列式

$$\begin{vmatrix} 2305 & 1151 \\ 6359 & 3178 \end{vmatrix}$$

の値を求めよ．

浦島　いやあ難しい．さっぱりわかりません．

姫　第 2 列

$$\begin{pmatrix} 1151 \\ 3178 \end{pmatrix}$$

を 2 倍すると

$$\begin{pmatrix} 2302 \\ 6356 \end{pmatrix}$$

になりますね．

浦島　そうか．第 2 列を 2 倍して第 1 列から引くのか！

姫　2 倍して引く，というのは (−2) 倍して加えることですから，行列式の値が変わらないので，

$$\begin{vmatrix} 2305 & 1151 \\ 6359 & 3178 \end{vmatrix} = \begin{vmatrix} 2305 - 2302 & 1151 \\ 6359 - 6356 & 3178 \end{vmatrix}$$
$$= \begin{vmatrix} 3 & 1151 \\ 3 & 3178 \end{vmatrix}$$

第 1 列から 3 をくくり出すと，

$$= 3 \begin{vmatrix} 1 & 1151 \\ 1 & 3178 \end{vmatrix}$$
$$= 3 \times (1 \times 3178 - 1151 \times 1)$$
$$= 3 \times (3178 - 1151)$$
$$= 3 \times 2027$$
$$= 6081$$

となります．

●例題 3 の答　6081

◉積の行列式

姫　2つの行列の積 AB の行列式 $|AB|$ の値については，次のことが成り立ちます．

A, B がともに 2 次の正方行列のとき，
$$|AB| = |A||B|$$
が成り立つ．

姫　AB の行列式の値は，$|A|$ と $|B|$ の積に等しい，というものです．

浦島　これはおぼえやすいですな．

姫　この性質を実際に確かめておきましょう．
$$A = \begin{pmatrix} a & b \\ c & d \end{pmatrix}, \quad B = \begin{pmatrix} e & f \\ g & h \end{pmatrix}$$
としますと，
$$\begin{aligned} AB &= \begin{pmatrix} a & b \\ c & d \end{pmatrix} \begin{pmatrix} e & f \\ g & h \end{pmatrix} \\ &= \begin{pmatrix} ae+bg & af+bh \\ ce+dg & cf+dh \end{pmatrix} \end{aligned}$$
となります．したがって
$$\begin{aligned} |AB| &= (ae+bg)(cf+dh) - (af+bh)(ce+dg) \\ &= aecf + aedh + bgcf + bgdh \\ &\quad - (afce + afdg + bhce + bhdg) \\ &= acef + adeh + bcfg + bdgh \\ &\quad - (acef + adfg + bceh + bdgh) \\ &= adeh + bcfg - adfg - bceh \\ &= adeh - adfg + bcfg - bceh \end{aligned}$$

34

$$= ad(eh - fg) + bc(fg - eh)$$
$$= (ad - bc)(eh - fg)$$
$$= |A||B|,$$

すなわち
$$|AB| = |A||B|$$
が成り立ちます．

浦島 ちょっとお待ち下さい．ものすごい計算でとてもついていけません．

姫 文字計算は慣れないと「なんのこっちゃ」と思われるでしょう．慣れれば自然に手が動くようになりますからご心配には及びません．数の計算で「分配法則」というのがありました．
$$x(y + z) = xy + xz,$$
$$(x + y)z = xz + yz.$$

これを使うと，
$$(l + m)(p + q)$$
$$= l(p + q) + m(p + q)$$
$$= lp + lq + mp + mq,$$

すなわち
$$(l + m)(p + q) = lp + lq + mp + mq$$

という式が得られます．これが計算の基本です．かける文字を ⌒，⌣ で表すと，

$$(l + m)(p + q) = lp + lq + mp + mq$$

となります．

浦島 なるほど．順番にかけていって，それらを加えるわけですな．

姫 はい．ですから
$$(ae + bg)(cf + dh)$$

の計算では ae, bg, cf, dh をそれぞれ l, m, p, q と考えて

$$(ae+bg)(cf+dh)$$

$$= aecf + aedh + bgcf + bgdh$$

としたのです．あとは文字のかけ算の順序を(アルファベット順に)入れ替えて

$$= acef + adeh + bcfg + bdgh$$

としたのです．もう一方の

$$(af+bh)(ce+dg)$$

も同様にして，

$$(af+bh)(ce+dg)$$

$$= afce + afdg + bhce + bhdg$$
$$= acef + adfg + bceh + bdgh$$

となります．

浦島 ははあ．それで引き算をすると，同じ項が消えるわけか．

姫 はい．

$$(ae+bg)(cf+dh) - (af+bh)(ce+dg)$$
$$= adeh + bcfg - adfg - bceh$$

となりますでしょ．これを

$$= adeh - adfg + bcfg - bceh$$

と変形して，

$$= ad(eh-fg) + bc(fg-eh)$$
$$= ad(eh-fg) - bc(eh-fg)$$
$$= (ad-bc)(eh-fg)$$

と「因数分解」してしまうわけです．

浦島　なるほど．
$$|A| = ad - bc, \quad |B| = eh - fg$$
なので
$$|AB| = |A||B|$$
となるわけですな．やっと理解しましたが，難しいですなあ．

姫　この
$$|AB| = |A||B|$$
という式はまたあとで登場しますから，よくおぼえておいて下さいね．

浦島　これはワシにもおぼえられそうです．

姫　今日はこれくらいにしておきましょう．宿題をお出ししておきます．

●宿題 3

行列式の値を求めよ．

(1) $\begin{vmatrix} 3 & 2 \\ 1 & 4 \end{vmatrix}$　　(2) $\begin{vmatrix} 1 & -1 \\ 1 & 2 \end{vmatrix}$　　(3) $\begin{vmatrix} 1025 & 311 \\ 2055 & 627 \end{vmatrix}$

(4) $\begin{vmatrix} \sqrt{2} & \sqrt{6} \\ -5 & \sqrt{3} \end{vmatrix}$　　(5) $|(桃子)^3|$

ただし，
$$(桃子) = \begin{pmatrix} 0 & 7 \\ 1 & 3 \end{pmatrix}$$
とする．

● 第四話

逆行列の計算

●宿題 3 の答　（1）10　（2）3　（3）3570　（4）$6\sqrt{6}$
（5）-343

姫　クイズです．オペラの「タイス」を作曲したのは誰ですか？
浦島　マスネーです．
姫　知ってマスネ！
浦島　クイズは任せて下さい！
姫　宿題の解説をやっておきましょうか．
浦島　はい．お願いいたします．
姫　(1), (2) はナナメにかけて引き算して，

$$\begin{vmatrix} 3 & 2 \\ 1 & 4 \end{vmatrix} = 3 \times 4 - 2 \times 1 = 12 - 2 = 10,$$

$$\begin{vmatrix} 1 & -1 \\ 1 & 2 \end{vmatrix} = 1 \times 2 - (-1) \times 1 = 2 - (-1) = 2 + 1 = 3$$

となります．(3) は第 1 行を 2 倍して第 2 行から引くと，

$$\begin{vmatrix} 1025 & 311 \\ 2055 & 627 \end{vmatrix} = \begin{vmatrix} 1025 & 311 \\ 5 & 5 \end{vmatrix}$$

第 2 行の 5 をくくり出して

$$= 5 \begin{vmatrix} 1025 & 311 \\ 1 & 1 \end{vmatrix}$$

$$= 5 \times (1025 - 311)$$

$$= 5 \times 714$$

$$= 3570$$

となります．(5) は行列式の性質

$$|AB| = |A||B|$$

を使って,

$$\begin{aligned}
\left|(桃子)^3\right| &= \left|(桃子)(桃子)(桃子)\right| \\
&= \left|(桃子)\right|\left|(桃子)(桃子)\right| \\
&= \left|(桃子)\right|\left|(桃子)\right|\left|(桃子)\right| \\
&= \left|(桃子)\right|^3 \\
&= \begin{vmatrix} 0 & 7 \\ 1 & 3 \end{vmatrix}^3 \\
&= (0 \times 3 - 7 \times 1)^3 \\
&= (-7)^3 \\
&= (-7) \times (-7) \times (-7) \\
&= -7^3 \\
&= -343
\end{aligned}$$

と求まります．

前に戻って (4) ですが，これはルートの計算になりますね．

浦島 はい．ルートの計算は乙姫さまからいろいろ教わったのですが，すっかり忘れてしまいました．

姫 すこし復習してみましょう．

正の数 a の**平方根**とは，2 乗すると a になる数のことです．その中で正のものを $\sqrt{a}$ で表します．すなわち，
$$(\sqrt{a})^2 = a, \qquad \sqrt{a} > 0.$$
ここで
$$(-\sqrt{a})^2 = (\sqrt{a})^2 = a$$
ですから，$-\sqrt{a}$ も a の平方根です（負の平方根）．a の平方根は $\sqrt{a}$ と $-\sqrt{a}$ の 2 つだけです．

浦島 なんとなく思い出しました．

姫 a と b が正の数のとき，
$$\sqrt{a}\sqrt{b} = \sqrt{ab}, \qquad \frac{\sqrt{a}}{\sqrt{b}} = \sqrt{\frac{a}{b}}, \qquad \sqrt{a^2 b} = a\sqrt{b}$$
が成り立ちます．

浦島 $\sqrt{a}\sqrt{b}$ というのは，$\sqrt{a}$ と $\sqrt{b}$ をかけたものですか？

姫 はい．かけ算記号を省略していますから，
$$\sqrt{a}\sqrt{b} = \sqrt{a} \times \sqrt{b}$$
という意味です．

浦島 すると $a\sqrt{b}$ も
$$a\sqrt{b} = a \times \sqrt{b}$$
という意味ですかな？

姫 その通りです．平方根の値を少し書いておきましょう．

$\sqrt{1} = 1$

$\sqrt{2} = 1.41421356\cdots$ （ヒトヨヒトヨニヒトミゴロ）

$\sqrt{3} = 1.7320508\cdots$ （ヒトナミニオゴレヤ）

$\sqrt{4} = 2$

$\sqrt{5} = 2.2360679\cdots$ （フジサンロクオームナク）

一般に a と b が正の数のとき，

$$a < b \quad \text{ならば} \quad \sqrt{a} < \sqrt{b}$$

が成り立ちます.

0 は正の数ではありませんが,

$$\sqrt{0} = 0$$

と定めておきます.

さて宿題の (4) ですが,

$$\sqrt{2}\sqrt{3} = \sqrt{2 \times 3} = \sqrt{6}$$

なので,

$$\begin{vmatrix} \sqrt{2} & \sqrt{6} \\ -5 & \sqrt{3} \end{vmatrix} = \sqrt{2}\sqrt{3} - (-5\sqrt{6})$$
$$= \sqrt{6} + 5\sqrt{6}$$
$$= 6\sqrt{6}$$

となるのです.

浦島　なるほど.

$$\sqrt{6} + 5\sqrt{6} = 6\sqrt{6}$$

という計算は,

$$\sqrt{6} + 5\sqrt{6} = 1 \times \sqrt{6} + 5 \times \sqrt{6}$$
$$= (1 + 5) \times \sqrt{6}$$

と考えたわけですな？

姫　その通りです.

●単位行列

姫　さて, 行列

$$(浦島) = \begin{pmatrix} 0 & 1 \\ 1 & 0 \end{pmatrix}$$

がおもしろい性質をもっていることを以前お話ししました. おぼえていらっしゃいますか？

浦島　はい．自分の名前が付いたものですからよくおぼえております．行列の左からかけると上下が，右からかけると左右がひっくりかえるというものでした．

姫　行列
$$A = \begin{pmatrix} a & b \\ c & d \end{pmatrix}$$
の左と右から (浦島) をかけると，
$$(浦島)A = \begin{pmatrix} c & d \\ a & b \end{pmatrix},$$
$$A(浦島) = \begin{pmatrix} b & a \\ d & c \end{pmatrix}$$
となるわけですね．それではさらにもう1回，(浦島) をかけたらどうなるでしょうか．左からだと，
$$(浦島)(浦島)A = (浦島)\begin{pmatrix} c & d \\ a & b \end{pmatrix}$$
$$= \begin{pmatrix} a & b \\ c & d \end{pmatrix}$$
$$= A$$
となってもとの A に戻ります．右からだと，
$$A(浦島)(浦島) = \begin{pmatrix} b & a \\ d & c \end{pmatrix}(浦島)$$
$$= \begin{pmatrix} a & b \\ c & d \end{pmatrix}$$
$$= A$$
となって，これも A に戻ります．すなわち，
$$(浦島)^2 A = A, \qquad A(浦島)^2 = A$$
となるのです．

浦島　ほほう，なるほど．

姫　$(浦島)^2$ という行列は，A の左からかけても右からかけても A を変えません．$(浦島)^2$ を計算すると，

42

$$(浦島)^2 = \begin{pmatrix} 0 & 1 \\ 1 & 0 \end{pmatrix}^2$$
$$= \begin{pmatrix} 0 & 1 \\ 1 & 0 \end{pmatrix}\begin{pmatrix} 0 & 1 \\ 1 & 0 \end{pmatrix}$$
$$= \begin{pmatrix} 1 & 0 \\ 0 & 1 \end{pmatrix}$$

となります．この行列を E で表します．
$$E = \begin{pmatrix} 1 & 0 \\ 0 & 1 \end{pmatrix}.$$

E を**単位行列**といいます．
$$EA = A, \qquad AE = A$$

が成り立ちますから，単位行列は数の 1 に相当する行列だ，ということになります．

浦島　いやあ，なんだかおもしろいですなあ．

●逆行列

姫　数の 1 に相当する行列が単位行列だとすると，行列の「逆数」に相当するものはどうやって定義したらよいでしょう．数の場合だと，a の逆数というのは
$$ax = 1$$
を満たす x のことでした．そこで，行列の「逆行列」を次のように定義します．

2 次の正方行列 A の**逆行列**とは，
$$AX = E, \qquad XA = E$$
をともに満たす行列 X のことをいいます．

浦島　単位行列 E が 1 に相当するものでしたから，自然な感じがしますな．

姫　A の逆行列がいつでも存在するわけではありません．ただ，A の逆行列が存在すれば一通りに定まります．なぜなら，X と Y がとも

に A の逆行列だとすると，
$$AX = E, \quad XA = E$$
$$AY = E, \quad YA = E$$
がすべて成り立つので，
$$X = XE = X(AY) = (XA)Y = EY = Y,$$
すなわち
$$X = Y$$
となって，X と Y が一致するからです．

● 正則行列

姫 2次の正方行列 A に逆行列が存在するとき，A は**正則**であるといいます．A が正則のとき，A の逆行列を A^{-1} で表します．すなわち，
$$AA^{-1} = E, \quad A^{-1}A = E$$
となります．

浦島 逆行列をもつ行列を「正則」というわけですな．いやあ，次から次へといろんな言葉が出てきて頭の中が混乱してきました．

姫 最初のうちは仕方ありませんね．慣れるまで，ちょっと我慢して下さい．

浦島 ところで，行列が正則かどうかはどうやって判定するのですかな？

姫 はい．行列式の値で判定することができます．すなわち，

A を2次の正方行列とするとき，
 (1) A が正則ならば，$|A| \neq 0$ である．
 (2) $|A| \neq 0$ ならば，A は正則である．

姫 この判定法を確かめておきましょう．まず A が正則ならば逆行列 A^{-1} が存在して
$$AA^{-1} = E$$

が成り立ちますから，両辺の行列式をとって
$$|AA^{-1}| = |E|$$
となります．この右辺は
$$|E| = \begin{vmatrix} 1 & 0 \\ 0 & 1 \end{vmatrix} = 1 \times 1 - 0 \times 0 = 1$$
ですから，
$$|AA^{-1}| = 1$$
となります．一方，
$$|AA^{-1}| = |A||A^{-1}|$$
ですから
$$|A||A^{-1}| = 1.$$
したがって
$$|A| \neq 0$$
となります．これで判定法の (1) が確かめられました．
次に (2) ですが，
$$A = \begin{pmatrix} a & b \\ c & d \end{pmatrix}$$
の行列式の値が 0 でないとすると，
$$|A| = ad - bc \neq 0$$
となります．行列 X を
$$X = \frac{1}{ad-bc} \begin{pmatrix} d & -b \\ -c & a \end{pmatrix}$$
で定義します．$ad-bc$ が 0 でないのでその逆数がとれるわけです．行列の積を計算するときスカラーは前に出せる (第二話) ので，
$$AX = \frac{1}{ad-bc} \begin{pmatrix} a & b \\ c & d \end{pmatrix} \begin{pmatrix} d & -b \\ -c & a \end{pmatrix}$$
$$= \frac{1}{ad-bc} \begin{pmatrix} ad-bc & 0 \\ 0 & ad-bc \end{pmatrix}$$

$$= \begin{pmatrix} 1 & 0 \\ 0 & 1 \end{pmatrix}$$
$$= E,$$
$$XA = \frac{1}{ad-bc} \begin{pmatrix} d & -b \\ -c & a \end{pmatrix} \begin{pmatrix} a & b \\ c & d \end{pmatrix}$$
$$= \frac{1}{ad-bc} \begin{pmatrix} ad-bc & 0 \\ 0 & ad-bc \end{pmatrix}$$
$$= \begin{pmatrix} 1 & 0 \\ 0 & 1 \end{pmatrix}$$
$$= E,$$

すなわち
$$AX = E, \quad XA = E$$
となります．したがって X は A の逆行列で，逆行列が存在するから A は正則です．これで (2) が確かめられました．

浦島 なるほど．行列式の値が 0 であるかないかが分かれば，判定ができるわけですな．

姫 はい．たとえば
$$\begin{vmatrix} 0 & 4 \\ 0 & 6 \end{vmatrix} = 0 \times 6 - 4 \times 0 = 0$$
ですから，行列
$$(舞) = \begin{pmatrix} 0 & 4 \\ 0 & 6 \end{pmatrix}$$
は正則ではありません．

浦島 ははあ．(舞) は逆行列をもたないのですか．

姫 一方，
$$\begin{vmatrix} 1 & 1 \\ 0 & 1 \end{vmatrix} \neq 0, \quad \begin{vmatrix} 0 & 7 \\ 1 & 3 \end{vmatrix} \neq 0, \quad \begin{vmatrix} 0 & 1 \\ 1 & 0 \end{vmatrix} \neq 0$$
ですから，3 つの行列

$$(\text{順子}) = \begin{pmatrix} 1 & 1 \\ 0 & 1 \end{pmatrix}, \quad (\text{桃子}) = \begin{pmatrix} 0 & 7 \\ 1 & 3 \end{pmatrix}, \quad (\text{浦島}) = \begin{pmatrix} 0 & 1 \\ 1 & 0 \end{pmatrix}$$

はいずれも正則です．

●逆行列の公式

浦島 逆行列はどうやって計算するのですか？

姫 正則行列の判定法を確かめたときにすでに登場しているのですが，もう一度まとめておきましょう．

2次の正方行列

$$A = \begin{pmatrix} a & b \\ c & d \end{pmatrix}$$

に対して次の (1), (2) が成り立つ．

(1) $ad - bc = 0$ ならば A は正則でない．A の逆行列 A^{-1} は存在しない．

(2) $ad - bc \neq 0$ ならば A は正則で，逆行列は

$$A^{-1} = \frac{1}{ad - bc} \begin{pmatrix} d & -b \\ -c & a \end{pmatrix}$$

で与えられる．

姫 (2) が逆行列の公式になっています．

浦島 公式をおぼえないといかんのでしょうか．

姫 そうですねえ．慣れれば自然に頭に入るというものでも無さそうなので，これは丸暗記していただいた方がよいでしょう．

●**例題1** 次の行列の逆行列を計算せよ．

(1) (順子)   (2) (桃子)   (3) (浦島)

姫　いかがです，浦島さま？

浦島　公式を見ながら数字をあてはめていけばできそうですが，$ad-bc$ というのは行列式の値のことですな？

姫　その通りです．その逆数を，行列
$$\begin{pmatrix} d & -b \\ -c & a \end{pmatrix}$$
にかければよいのです．

浦島　なるほど．すると (1) では
$$(順子) = \begin{pmatrix} 1 & 1 \\ 0 & 1 \end{pmatrix}$$
ですから，
$$\left|(順子)\right| = \begin{vmatrix} 1 & 1 \\ 0 & 1 \end{vmatrix} = 1 \times 1 - 1 \times 0 = 1.$$
この逆数は 1 なので，公式にあてはめて
$$(順子)^{-1} = \begin{pmatrix} 1 & -1 \\ 0 & 1 \end{pmatrix}$$
となりました．

姫　正解です．

浦島　(2) では
$$(桃子) = \begin{pmatrix} 0 & 7 \\ 1 & 3 \end{pmatrix}$$
ですから，行列式の値は
$$\left|(桃子)\right| = \begin{vmatrix} 0 & 7 \\ 1 & 3 \end{vmatrix} = 0 \times 3 - 7 \times 1 = -7$$
となります．あとは公式にあてはめて，
$$(桃子)^{-1} = \frac{1}{-7} \begin{pmatrix} 3 & -7 \\ -1 & 0 \end{pmatrix}$$
でよろしいのでしょうか．

姫　はい．スカラーの

$$\frac{1}{-7}$$

を行列の中に入れてしまって

$$\frac{1}{-7}\begin{pmatrix} 3 & -7 \\ -1 & 0 \end{pmatrix} = \begin{pmatrix} -\frac{3}{7} & 1 \\ \frac{1}{7} & 0 \end{pmatrix}$$

としても結構です．あるいはマイナスだけを中に入れて

$$(\text{桃子})^{-1} = \frac{1}{7}\begin{pmatrix} -3 & 7 \\ 1 & 0 \end{pmatrix}$$

とするなど，書き方はさまざまです．

浦島 (3) は

$$(\text{浦島}) = \begin{pmatrix} 0 & 1 \\ 1 & 0 \end{pmatrix}$$

ですから，

$$\left|(\text{浦島})\right| = \begin{vmatrix} 0 & 1 \\ 1 & 0 \end{vmatrix} = 0 \times 0 - 1 \times 1 = -1$$

となるので，公式にあてはめると

$$(\text{浦島})^{-1} = \frac{1}{-1}\begin{pmatrix} 0 & -1 \\ -1 & 0 \end{pmatrix}$$

となりますな．

姫 これはスカラーを中に入れた方がよいでしょう．

浦島 なるほど．

$$(\text{浦島})^{-1} = \frac{1}{-1}\begin{pmatrix} 0 & -1 \\ -1 & 0 \end{pmatrix}$$
$$= \begin{pmatrix} 0 & 1 \\ 1 & 0 \end{pmatrix}$$

ということですな．

●例題1の答　（1）$(順子)^{-1} = \begin{pmatrix} 1 & -1 \\ 0 & 1 \end{pmatrix}$

（2）$(桃子)^{-1} = \dfrac{1}{7}\begin{pmatrix} -3 & 7 \\ 1 & 0 \end{pmatrix}$　　（3）$(浦島)^{-1} = \begin{pmatrix} 0 & 1 \\ 1 & 0 \end{pmatrix}$

姫　今の例題で求めたように，(浦島) の逆行列はそれ自身になります．すなわち

$$(浦島)^{-1} = (浦島)$$

となっています．

浦島　おもしろいですなあ．

●検算法

浦島　ところで，公式にあてはめるといっても，マイナスが出てきたりして計算ちがいをやりそうで心配ですが．

姫　そのご心配はごもっともです．逆行列の計算が正しいかどうか，検算する方法をお教えしましょう．

浦島　どうすればよいのですかな？

姫　一般に次のことが成り立ちます．

$\boldsymbol{A}$, $\boldsymbol{X}$ がともに2次の正方行列で

$$\boldsymbol{AX} = \boldsymbol{E}$$

を満たすとき，$\boldsymbol{A}$ は正則で

$$\boldsymbol{X} = \boldsymbol{A}^{-1}$$

である．

姫　なぜかといいますと，

$$AX = E$$

の両辺の行列式をとって

$$|AX| = |E|$$
となりますが，
$$|AX| = |A||X|, \qquad |E| = 1$$
なので
$$|A||X| = 1$$
となり，したがって
$$|A| \neq 0$$
であることがわかります．さきほどご説明した判定法により A は正則で，逆行列 A^{-1} が存在します．そこで
$$AX = E$$
の左から A^{-1} をかけて，
$$A^{-1}(AX) = A^{-1}E = A^{-1}.$$
積の結合法則と単位行列の性質から，
$$(A^{-1}A)X = A^{-1},$$
$$EX = A^{-1},$$
$$X = A^{-1}$$
となるわけです．

浦島 逆行列の定義をしたときは
$$AX = E, \qquad XA = E$$
という2つの条件があったわけですが，最初の1つだけでよい，ということですな．

姫 その通りです．これを逆行列の計算を検算するときに使おうというわけです．A の逆行列を計算したら行列 X になったとしましょう．このとき積 AX を計算して，それが単位行列 E に一致すれば，逆行列の計算が正しいことになります．積 AX を計算して E にならなければ，どこかに計算ちがいがあることがわかります．実際の例をやってみましょう．

●例題2　行列

$$A = \begin{pmatrix} 1 & -1 \\ 2 & 3 \end{pmatrix}$$

の逆行列 A^{-1} を求めよ．

姫　浦島さま．まず計算をしてみて下さい．

浦島　はい．まず A の行列式は

$$|A| = \begin{vmatrix} 1 & -1 \\ 2 & 3 \end{vmatrix} = 1 \times 3 - (-1) \times 2 = 5$$

となりますから，公式にあてはめて

$$A^{-1} = \frac{1}{5} \begin{pmatrix} 3 & 1 \\ -2 & 1 \end{pmatrix}$$

となりました．

姫　では検算をしましょう．この式の右辺を先ほどの行列 X と考えます．積 AX を計算するのですが，スカラーは前に出せるので，

$$\begin{pmatrix} 1 & -1 \\ 2 & 3 \end{pmatrix} \left(\frac{1}{5} \begin{pmatrix} 3 & 1 \\ -2 & 1 \end{pmatrix} \right)$$

$$= \frac{1}{5} \begin{pmatrix} 1 & -1 \\ 2 & 3 \end{pmatrix} \begin{pmatrix} 3 & 1 \\ -2 & 1 \end{pmatrix}$$

$$= \frac{1}{5} \begin{pmatrix} 5 & 0 \\ 0 & 5 \end{pmatrix}$$

$$= \begin{pmatrix} 1 & 0 \\ 0 & 1 \end{pmatrix}$$

$$= E$$

となります．すなわち

$$\frac{1}{5} \begin{pmatrix} 3 & 1 \\ -2 & 1 \end{pmatrix} = \begin{pmatrix} 1 & -1 \\ 2 & 3 \end{pmatrix}^{-1}$$

であることが確かめられました．

浦島　なるほど．

姫　原始的な検算法ではありますが，線形代数の計算はとにかく計算ちがいが多く，また計算をまちがえてもすぐには気付かないことが多いので，検算できるものは検算する「くせ」を付けておくとよいでしょう．

●例題 2 の答　$A^{-1} = \dfrac{1}{5}\begin{pmatrix} 3 & 1 \\ -2 & 1 \end{pmatrix}$

姫　次の例題は「行列の方程式」みたいな感じです．

●例題 3　行列

$$A = \begin{pmatrix} 1 & -1 \\ -2 & 1 \end{pmatrix}, \qquad B = \begin{pmatrix} -1 & 6 \\ -4 & -15 \end{pmatrix}$$

に対して，$AX = B$ をみたす行列 X を求めよ．

姫　いかがでございます，浦島さま？

浦島　いやあ，さっぱりわかりません．

姫　数の場合ですと，

$$ax = b$$

を解くのに，どうしたでしょう？

浦島　a の逆数をかけて x を求めましたかな．

姫　逆数に相当する行列は？

浦島　逆行列ですな！

姫　$AX = B$ の左から A の逆行列をかけると，X が求まりそうですよ．

浦島　なるほど．A の行列式は

$$|A| = \begin{vmatrix} 1 & -1 \\ -2 & 1 \end{vmatrix} = 1 \times 1 - (-1) \times (-2) = -1$$

なので
$$A^{-1} = \frac{1}{-1}\begin{pmatrix} 1 & 1 \\ 2 & 1 \end{pmatrix} = \begin{pmatrix} -1 & -1 \\ -2 & -1 \end{pmatrix}$$
となりましたぞ.

姫　$AX = B$ の左から A^{-1} をかけますと,
$$A^{-1}(AX) = A^{-1}B,$$
$$(A^{-1}A)X = A^{-1}B,$$
$$EX = A^{-1}B,$$
$$X = A^{-1}B$$
となります.

浦島　ということは,
$$X = A^{-1}B$$
$$= \begin{pmatrix} -1 & -1 \\ -2 & -1 \end{pmatrix}\begin{pmatrix} -1 & 6 \\ -4 & -15 \end{pmatrix}$$
$$= \begin{pmatrix} 1+4 & -6+15 \\ 2+4 & -12+15 \end{pmatrix}$$
$$= \begin{pmatrix} 5 & 9 \\ 6 & 3 \end{pmatrix}$$
ですな.

姫　ゴクローサン！　お見事です．検算をするには A の右からこの行列をかけて B になることを確かめればよいのです．

●例題3の答　$X = \begin{pmatrix} 5 & 9 \\ 6 & 3 \end{pmatrix}$

●正則行列の積

姫　A, B がともに2次の正方行列のとき，次のことが成り立ちます．

A, B がともに正則ならば積 AB も正則で，
$$(AB)^{-1} = B^{-1}A^{-1}$$
が成り立つ．

浦島 ほほう．AB の逆行列が $A^{-1}B^{-1}$ ではなくて $B^{-1}A^{-1}$ なのですか．

姫 ちょっとおもしろいでしょう．実際に確かめてみましょう．A, B が正則であるとして，
$$X = B^{-1}A^{-1}$$
とおきます．AB の右から X をかけると，積の結合法則と単位行列 E の性質から，
$$\begin{aligned}(AB)X &= A(BX) \\ &= A(B(B^{-1}A^{-1})) \\ &= A((BB^{-1})A^{-1}) \\ &= A(EA^{-1}) \\ &= AA^{-1} \\ &= E\end{aligned}$$
となります．すなわち，
$$(AB)X = E$$
が満たされますから，先ほど「検算法」のところで述べたように，AB は正則で
$$X = (AB)^{-1}$$
であることがわかります．AB の逆行列は $X = B^{-1}A^{-1}$ です．

浦島 なるほど．

●逆行列の逆行列

2 次の正方行列 A が正則ならばその逆行列 A^{-1} も正則で，
$$(A^{-1})^{-1} = A$$
が成り立つ．

姫　なぜなら，A が正則ならば
$$A^{-1}A = E$$
が成り立ちますから，「検算法」のところで説明したことを適用すると，A^{-1} は正則で A がその逆行列，すなわち
$$A = (A^{-1})^{-1}$$
となるからです．

浦島　数の場合だと，a の逆数の逆数は
$$\frac{1}{\frac{1}{a}} = a$$
となってもとの a に戻るので，逆行列の逆行列がもとに戻るのは自然な感じがいたします．

姫　今日はこれくらいにして，宿題をお出ししておきましょう．

●宿題 4

① 逆行列があれば求めよ．

(1) $\begin{pmatrix} 3 & 4 \\ 1 & 2 \end{pmatrix}$　　　(2) $\begin{pmatrix} 5 & -3 \\ 3 & -2 \end{pmatrix}$

(3) $\begin{pmatrix} 3\sqrt{2} & \sqrt{5} \\ \sqrt{5} & -\sqrt{2} \end{pmatrix}$　　(4) $\begin{pmatrix} \sqrt{2} & -\sqrt{3} \\ 2\sqrt{3} & -3\sqrt{2} \end{pmatrix}$

② $X(桃子) = (順子)$ をみたす行列 X を求めよ．

ただし，
$$(桃子) = \begin{pmatrix} 0 & 7 \\ 1 & 3 \end{pmatrix}, \quad (順子) = \begin{pmatrix} 1 & 1 \\ 0 & 1 \end{pmatrix}$$
とする．

クラメールの公式

●宿題 4 の答　① (1) $\begin{pmatrix} 3 & 4 \\ 1 & 2 \end{pmatrix}^{-1} = \dfrac{1}{2} \begin{pmatrix} 2 & -4 \\ -1 & 3 \end{pmatrix}$

(2) $\begin{pmatrix} 5 & -3 \\ 3 & -2 \end{pmatrix}^{-1} = \begin{pmatrix} 2 & -3 \\ 3 & -5 \end{pmatrix}$　(3) $\begin{pmatrix} 3\sqrt{2} & \sqrt{5} \\ \sqrt{5} & -\sqrt{2} \end{pmatrix}^{-1} =$ $\dfrac{1}{11} \begin{pmatrix} \sqrt{2} & \sqrt{5} \\ \sqrt{5} & -3\sqrt{2} \end{pmatrix}$　(4) $\begin{pmatrix} \sqrt{2} & -\sqrt{3} \\ 2\sqrt{3} & -3\sqrt{2} \end{pmatrix}$ は逆行列をもたない．

② $X = \dfrac{1}{7} \begin{pmatrix} -2 & 7 \\ 1 & 0 \end{pmatrix}$

姫　浦島さまのお好きな季節は？

浦島　とくにありませんが，冬は苦手でございます．冬が好きな人はお金持ちだそうですな．

姫　冬が好きな人はお金持ち？

浦島　はい．「ふゆー層」といいまして．

姫　なるほど．ところで宿題はいかがでしたか？

浦島　時間はかかりましたがなんとか正解できて気分がよろしいです．①の (1), (2), (3) は公式にあてはめて求めました．ところが検算してみると計算ちがいだらけで，正解にたどりつくまでずいぶん手間がかかりました．

姫　検算はあなどれませんでしょ．

浦島　①の (4) は行列式の値が 0 になってしまいます．正則ではないので，逆行列をもちません．

姫　その通りです．

浦島　②は
$$X(桃子) = (順子)$$
の右から (桃子) の逆行列をかけて
$$X = (順子)(桃子)^{-1}$$
となるので，
$$(桃子)^{-1} = \frac{1}{7}\begin{pmatrix} -3 & 7 \\ 1 & 0 \end{pmatrix}$$
を用いて計算しました．

姫　お見事です．

● 連立 1 次方程式

姫　今日は連立 1 次方程式のお話をしましょう．たとえば
$$\begin{cases} x + 2y = 5 \\ 3x + 4y = 6 \end{cases}$$
という連立 1 次方程式を考えてみます．中学数学では「代入法」または「消去法」を用いるのですが，線形代数ではこの方程式を行列とベクトルを使って
$$\begin{pmatrix} 1 & 2 \\ 3 & 4 \end{pmatrix}\begin{pmatrix} x \\ y \end{pmatrix} = \begin{pmatrix} 5 \\ 6 \end{pmatrix}$$
と表します．

浦島　「ベクトル」というのは？

姫　2つの数をタテに並べて両側をカッコ（ ）で囲んだものです．より正確には **2次の列ベクトル**ですが，ここでは簡単にベクトルと呼んでおきましょう．たとえば

$$\begin{pmatrix} 2 \\ 5 \end{pmatrix}, \quad \begin{pmatrix} 0 \\ -\frac{1}{2} \end{pmatrix}, \quad \begin{pmatrix} \sqrt{2} \\ \sqrt{2} \end{pmatrix}, \quad \cdots$$

などはいずれもベクトルです．ベクトルを $\boldsymbol{x}$, $\boldsymbol{y}$, $\cdots$ のような太文字のアルファベットで表します．

$$\boldsymbol{x} = \begin{pmatrix} a \\ b \end{pmatrix}$$

とするとき，a をベクトル $\boldsymbol{x}$ の**第1成分**，b を $\boldsymbol{x}$ の**第2成分**といいます．

浦島　行列のときにも「成分」という言葉を使いましたな．

姫　はい．ベクトル $\boldsymbol{x}$ と $\boldsymbol{y}$ が等しいことを

$$\boldsymbol{x} = \boldsymbol{y}$$

と表しますが，これは

$$\boldsymbol{x} \text{ の第1成分} = \boldsymbol{y} \text{ の第1成分}$$
$$\boldsymbol{x} \text{ の第2成分} = \boldsymbol{y} \text{ の第2成分}$$

の2つの式がともに成立することを意味します．

浦島　なるほど．

姫　ベクトルの和，差，スカラー倍を，

$$\boldsymbol{x} = \begin{pmatrix} a \\ b \end{pmatrix}, \quad \boldsymbol{y} = \begin{pmatrix} a' \\ b' \end{pmatrix}$$

のとき

$$\boldsymbol{x} + \boldsymbol{y} = \begin{pmatrix} a + a' \\ b + b' \end{pmatrix}, \quad \boldsymbol{x} - \boldsymbol{y} = \begin{pmatrix} a - a' \\ b - b' \end{pmatrix},$$
$$k\boldsymbol{x} = \begin{pmatrix} ka \\ kb \end{pmatrix}$$

で定義します．

浦島　行列の場合と同じですな．

姫　さらに行列とベクトルの積を
$$\begin{pmatrix} a & b \\ c & d \end{pmatrix} \begin{pmatrix} x \\ y \end{pmatrix} = \begin{pmatrix} ax+by \\ cx+dy \end{pmatrix}$$
で定義します．

浦島　そうしますと，たとえば
$$(浦島)\begin{pmatrix} a \\ b \end{pmatrix} = \begin{pmatrix} 0 & 1 \\ 1 & 0 \end{pmatrix}\begin{pmatrix} a \\ b \end{pmatrix}$$
$$= \begin{pmatrix} 0\times a + 1\times b \\ 1\times a + 0\times b \end{pmatrix}$$
$$= \begin{pmatrix} b \\ a \end{pmatrix},$$

すなわち
$$(浦島)\begin{pmatrix} a \\ b \end{pmatrix} = \begin{pmatrix} b \\ a \end{pmatrix}$$
となりますな．

姫　行列 (浦島) にベクトルをかけると，ベクトルの第 1 成分と第 2 成分が入れ替わります．おもしろいですね．

成分がすべて 0 であるベクトルを **0** で表します．**零ベクトル**といいます．
$$\mathbf{0} = \begin{pmatrix} 0 \\ 0 \end{pmatrix}.$$

ベクトルと行列 (2 次の正方行列) について，いくつかの演算法則をまとめておきましょう．k と l はスカラーを表します．

- $(AB)\boldsymbol{x} = A(B\boldsymbol{x})$
- $A(\boldsymbol{x}+\boldsymbol{y}) = A\boldsymbol{x} + A\boldsymbol{y}$
- $(A+B)\boldsymbol{x} = A\boldsymbol{x} + B\boldsymbol{x}$
- $k(A\boldsymbol{x}) = (kA)\boldsymbol{x} = A(k\boldsymbol{x})$
- $k(\boldsymbol{x}+\boldsymbol{y}) = k\boldsymbol{x} + k\boldsymbol{y}$

- $(k+l)\boldsymbol{x} = k\boldsymbol{x} + l\boldsymbol{x}$
- $(kl)\boldsymbol{x} = k(l\boldsymbol{x})$
- $A\mathbf{0} = \mathbf{0}$
- $E\boldsymbol{x} = \boldsymbol{x}$

浦島 ずいぶんたくさんありますなあ．丸暗記するのですか？

姫 いえ．計算していくうちに自然におぼえていきますから神経質にならなくても大丈夫ですよ．

浦島 そうですか．ひと安心しました．

姫 これらの性質はいずれも両辺のベクトルを計算して直接確かめることができます．たとえば最初の

$$(AB)\boldsymbol{x} = A(B\boldsymbol{x})$$

をやってみましょうか．

$$A = \begin{pmatrix} a & b \\ c & d \end{pmatrix}, \quad B = \begin{pmatrix} e & f \\ g & h \end{pmatrix}, \quad \boldsymbol{x} = \begin{pmatrix} x \\ y \end{pmatrix}$$

として計算すると，

$$\begin{aligned}
(AB)\boldsymbol{x} &= \begin{pmatrix} ae+bg & af+bh \\ ce+dg & cf+dh \end{pmatrix}\begin{pmatrix} x \\ y \end{pmatrix} \\
&= \begin{pmatrix} (ae+bg)x + (af+bh)y \\ (ce+dg)x + (cf+dh)y \end{pmatrix} \\
&= \begin{pmatrix} aex + bgx + afy + bhy \\ cex + dgx + cfy + dhy \end{pmatrix} \\
&= \begin{pmatrix} a(ex+fy) + b(gx+hy) \\ c(ex+fy) + d(gx+hy) \end{pmatrix} \\
&= \begin{pmatrix} a & b \\ c & d \end{pmatrix}\begin{pmatrix} ex+fy \\ gx+hy \end{pmatrix} \\
&= A\left(\begin{pmatrix} e & f \\ g & h \end{pmatrix}\begin{pmatrix} x \\ y \end{pmatrix}\right) \\
&= A(B\boldsymbol{x}),
\end{aligned}$$

すなわち

$$(AB)\boldsymbol{x} = A(B\boldsymbol{x})$$

が確かめられます.

浦島 うわあ, 鬼のような計算ですな.

姫 数の分配法則を使っていますが, ちょっと長いだけで難しいものではありません.

● クラメールの公式

姫 最初の連立 1 次方程式

$$\begin{cases} x + 2y = 5 \\ 3x + 4y = 6 \end{cases}$$

に戻りましょう. この方程式は行列とベクトルを使って

$$\begin{pmatrix} 1 & 2 \\ 3 & 4 \end{pmatrix} \begin{pmatrix} x \\ y \end{pmatrix} = \begin{pmatrix} 5 \\ 6 \end{pmatrix}$$

と書きなおすことができます.

$$\begin{vmatrix} 1 & 2 \\ 3 & 4 \end{vmatrix} = 1 \times 4 - 2 \times 3 = 4 - 6 = -2 \neq 0$$

なので行列

$$\begin{pmatrix} 1 & 2 \\ 3 & 4 \end{pmatrix}$$

は正則です. 逆行列の公式を適用して,

$$\begin{pmatrix} 1 & 2 \\ 3 & 4 \end{pmatrix}^{-1} = \frac{1}{-2} \begin{pmatrix} 4 & -2 \\ -3 & 1 \end{pmatrix} = \frac{1}{2} \begin{pmatrix} -4 & 2 \\ 3 & -1 \end{pmatrix}.$$

これを

$$\begin{pmatrix} 1 & 2 \\ 3 & 4 \end{pmatrix} \begin{pmatrix} x \\ y \end{pmatrix} = \begin{pmatrix} 5 \\ 6 \end{pmatrix}$$

の左からかけます. $E\boldsymbol{x} = \boldsymbol{x}$ なので,

$$\begin{pmatrix} x \\ y \end{pmatrix} = \frac{1}{2} \begin{pmatrix} -4 & 2 \\ 3 & -1 \end{pmatrix} \begin{pmatrix} 5 \\ 6 \end{pmatrix} = \frac{1}{2} \begin{pmatrix} -8 \\ 9 \end{pmatrix} = \begin{pmatrix} -4 \\ \frac{9}{2} \end{pmatrix}$$

となりますから, 成分を比較して

$$x = -4, \qquad y = \frac{9}{2}$$

と求まります．

浦島 一直線ですなあ．

姫 もっと一般に，x と y を未知数とする連立 1 次方程式

$$\begin{cases} ax + by = e \\ cx + dy = f \end{cases}$$

を考えましょう．a, b, c, d, e, f は定数です．

この連立 1 次方程式は，左辺の係数を並べてできる行列

$$A = \begin{pmatrix} a & b \\ c & d \end{pmatrix}$$

と，未知数をタテに並べたベクトル

$$\boldsymbol{x} = \begin{pmatrix} x \\ y \end{pmatrix},$$

それに右辺の数をタテに並べたベクトル

$$\boldsymbol{b} = \begin{pmatrix} e \\ f \end{pmatrix}$$

を用いて，

$$A\boldsymbol{x} = \boldsymbol{b}$$

と表すことができます．

浦島 $A\boldsymbol{x}$ というのは行列 A とベクトル $\boldsymbol{x}$ の積という意味ですな？

姫 その通りです．ここでもし行列 A が正則ならば，逆行列 A^{-1} が存在するのでそれを左からかけて

$$A^{-1}(A\boldsymbol{x}) = A^{-1}\boldsymbol{b}$$

となりますが，

$$A^{-1}(A\boldsymbol{x}) = (A^{-1}A)\boldsymbol{x} = E\boldsymbol{x} = \boldsymbol{x}$$

ですから

$$\boldsymbol{x} = A^{-1}\boldsymbol{b}$$

となって連立 1 次方程式が解けてしまいます．

浦島 一直線ですなあ．

姫 逆行列の公式を思い出すと
$$A^{-1} = \frac{1}{ad-bc}\begin{pmatrix} d & -b \\ -c & a \end{pmatrix}$$
でしたから，この右から b をかけたものは
$$A^{-1}b = \frac{1}{ad-bc}\begin{pmatrix} d & -b \\ -c & a \end{pmatrix}\begin{pmatrix} e \\ f \end{pmatrix}$$
$$= \frac{1}{ad-bc}\begin{pmatrix} de-bf \\ -ce+af \end{pmatrix}$$
$$= \begin{pmatrix} \dfrac{de-bf}{ad-bc} \\ \dfrac{af-ce}{ad-bc} \end{pmatrix}$$
というベクトルです．これが
$$x = \begin{pmatrix} x \\ y \end{pmatrix}$$
に等しいので，第 1 成分どうし，第 2 成分どうしをくらべて
$$x = \frac{de-bf}{ad-bc}, \qquad y = \frac{af-ce}{ad-bc}$$
となって，解が求まります．

浦島 なるほど．

姫 この解の分母・分子を行列式の形にすることができるのです．すなわち，
$$x = \frac{\begin{vmatrix} e & b \\ f & d \end{vmatrix}}{\begin{vmatrix} a & b \\ c & d \end{vmatrix}}, \qquad y = \frac{\begin{vmatrix} a & e \\ c & f \end{vmatrix}}{\begin{vmatrix} a & b \\ c & d \end{vmatrix}}$$
となってるでしょ．

浦島 ははあ，なるほど．

x，y を未知数とする連立 1 次方程式

$$\begin{cases} ax + by = e \\ cx + dy = f \end{cases}$$

は左辺の係数を並べた行列式

$$\begin{vmatrix} a & b \\ c & d \end{vmatrix}$$

の値が **0** でないときただ **1** 組の解をもち，その解は

$$x = \frac{\begin{vmatrix} e & b \\ f & d \end{vmatrix}}{\begin{vmatrix} a & b \\ c & d \end{vmatrix}}, \qquad y = \frac{\begin{vmatrix} a & e \\ c & f \end{vmatrix}}{\begin{vmatrix} a & b \\ c & d \end{vmatrix}}$$

で与えられる．

姫　これを**クラメールの公式**といいます．

浦島　暗記するのですか？

姫　じつはこの公式はとてもおぼえやすいのです．まず

$$x = \frac{\begin{vmatrix} e & b \\ f & d \end{vmatrix}}{\begin{vmatrix} a & b \\ c & d \end{vmatrix}}$$

という式をよく見て下さい．分母の行列式は，連立 1 次方程式

$$\begin{cases} ax + by = e \\ cx + dy = f \end{cases}$$

の左辺の係数のつくる行列式でしょ．分子の行列式

$$\begin{vmatrix} e & b \\ f & d \end{vmatrix}$$

は，分母の行列式の第 1 列を方程式の右辺がつくるベクトル

$$\begin{pmatrix} e \\ f \end{pmatrix}$$

で置き換えたものになっています．

浦島　ちょっと待ってください．分母の行列式

$$\begin{vmatrix} a & b \\ c & d \end{vmatrix}$$

の第1列 $\begin{pmatrix} a \\ c \end{pmatrix}$ を取ってしまって，かわりに $\begin{pmatrix} e \\ f \end{pmatrix}$ を入れてやると，

$$\begin{vmatrix} e & b \\ f & d \end{vmatrix}$$

となって，なるほど分子の行列式になりますなあ．

姫　でしょ．今度は

$$y = \frac{\begin{vmatrix} a & e \\ c & f \end{vmatrix}}{\begin{vmatrix} a & b \\ c & d \end{vmatrix}}$$

という式を見て下さい．分母は x の場合と同じで係数を並べてできる行列式．その第2列を右辺のベクトルで置き換えると

$$\begin{vmatrix} a & e \\ c & f \end{vmatrix}$$

となって，分子の行列式になります．

浦島　ははあ，なるほど．

姫　クラメールの公式はとてもおぼえやすいのです．x も y も，分母は係数を並べてできる行列式で，分子は，その第1列 (x の場合) か第2列 (y の場合) を方程式の右辺で置き換えた行列式をもってくればよいのです．

浦島　これはワシにもおぼえられそうです．

●例題1　クラメールの公式を用いて連立1次方程式を解け．

(1) $\begin{cases} 5x + 9y = 1 \\ 6x + 3y = 1 \end{cases}$　　(2) $\begin{cases} 3x - 2y = 5 \\ 5x + 3y = 2 \end{cases}$

姫　いかがですか？

浦島　あまり自信はありませんが，やってみましょう．まず (1) ですが，

$$\begin{vmatrix} 5 & 9 \\ 6 & 3 \end{vmatrix} = 5 \times 3 - 9 \times 6$$
$$= 15 - 54$$
$$= -39,$$
$$\begin{vmatrix} 1 & 9 \\ 1 & 3 \end{vmatrix} = 1 \times 3 - 9 \times 1$$
$$= 3 - 9$$
$$= -6,$$
$$\begin{vmatrix} 5 & 1 \\ 6 & 1 \end{vmatrix} = 5 \times 1 - 1 \times 6$$
$$= 5 - 6$$
$$= -1$$

となるので，

$$x = \frac{\begin{vmatrix} 1 & 9 \\ 1 & 3 \end{vmatrix}}{\begin{vmatrix} 5 & 9 \\ 6 & 3 \end{vmatrix}} = \frac{-6}{-39} = \frac{2}{13},$$

$$y = \frac{\begin{vmatrix} 5 & 1 \\ 6 & 1 \end{vmatrix}}{\begin{vmatrix} 5 & 9 \\ 6 & 3 \end{vmatrix}} = \frac{-1}{-39} = \frac{1}{39}$$

と求まりました．

姫　なるほど．

浦島　(2) は，ありゃ，マイナスが出てきたなあ．

姫　$3x - 2y$ は，

$$3x - 2y = 3x + (-2)y$$

と考えて下さい．

浦島　なるほど．そうすると

$$\begin{vmatrix} 3 & -2 \\ 5 & 3 \end{vmatrix} = 3 \times 3 - (-2) \times 5$$
$$= 9 + 10$$
$$= 19,$$
$$\begin{vmatrix} 5 & -2 \\ 2 & 3 \end{vmatrix} = 5 \times 3 - (-2) \times 2$$
$$= 15 + 4$$
$$= 19,$$
$$\begin{vmatrix} 3 & 5 \\ 5 & 2 \end{vmatrix} = 3 \times 2 - 5 \times 5$$
$$= 6 - 25$$
$$= -19$$

となりますから,

$$x = \frac{\begin{vmatrix} 5 & -2 \\ 2 & 3 \end{vmatrix}}{\begin{vmatrix} 3 & -2 \\ 5 & 3 \end{vmatrix}} = \frac{19}{19} = 1,$$

$$y = \frac{\begin{vmatrix} 3 & 5 \\ 5 & 2 \end{vmatrix}}{\begin{vmatrix} 3 & -2 \\ 5 & 3 \end{vmatrix}} = \frac{-19}{19} = -1$$

と求まりました.

姫　正解です.

●例題1の答　（1）$x = \dfrac{2}{13}, \quad y = \dfrac{1}{39}$
（2）$x = 1, \quad y = -1$

姫　今日はこれくらいにして，宿題をお出ししておきましょう.

週末ですので明日と明後日は数学の勉強をお休みとします．次回は来週の月曜日です．

浦島 今までのところを復習できてちょうどいいですなあ．来週もよろしくお願いいたします．

●宿題 5

クラメールの公式を用いて連立 1 次方程式を解け．

(1) $\begin{cases} 2x + 3y = 1 \\ 7x + 5y = 2 \end{cases}$ (2) $\begin{cases} 5x - 3y = -6 \\ 3x - 2y = -5 \end{cases}$

(3) $\begin{cases} -6x + 11y = -2 \\ 11x - 19y = 1 \end{cases}$

●休憩タイム●　ピタゴラスの池

宗　　浦島さま，宗出所之助でございます．
浦島　宗どの，屋敷のお庭を案内して下さるそうで，よろしく頼みますぞ．
宗　　こちらでございます．
浦島　いやあ，なんとも広いお庭ですなあ．
宗　　でしょでしょ，そうでしょ？
浦島　西洋の童話の世界に入りこんだような気がしますぞ．
宗　　でしょでしょ，そうでしょ？　すべて幾何学模様になっております．
浦島　なるほど．数学姫のお屋敷だけに，庭も数学的ですなあ．
宗　　でしょでしょ，そうでしょ？
浦島　こちらに池がありますが，形が三角形ですな．向こう側にロープが張ってあって，なんだか奇妙ですぞ．

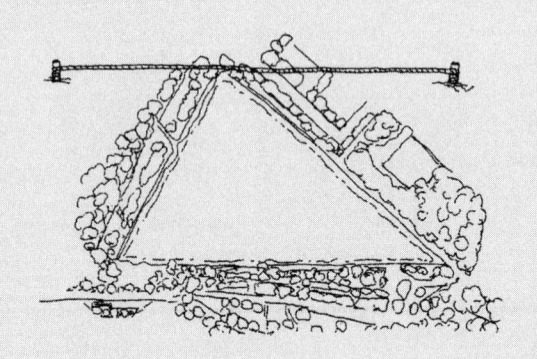

内角の和の池

宗　　でしょでしょ，そうでしょ？　この池は「内角の和の池」と申します．
浦島　内角の和の池ですか？　奇妙な名前ですなあ．
宗　　でしょでしょ，そうでしょ？　これを見ると「三角形の内角の

70

和は180°(2直角)である」ことが一発でわかります．

浦島　ホントですか？

宗　池の向こう側のロープと三角形の底辺が平行になっているのです．ここに黒板があるので簡単に説明しましょう．
平行な2直線の場合，**錯角は等しい**ので，三角形の内角の和，すなわち

$$\bigcirc + \triangle + \times$$

が180°(2直角)に等しいのです．

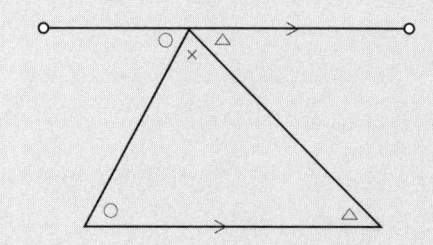

浦島　なーるほど．一目でわかりますなあ．

宗　平行線の錯角が等しくなる理由も黒板で復習しておきましょう．

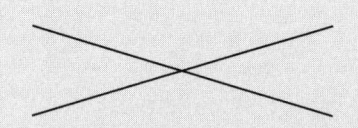

2直線が交わるとき，交点のまわりに4つの角ができますが，その中で互いに向かい合った2つの角を**対頂角**といいます．図の○と×は対頂角ですが，どちらも

$$180° - \triangle$$

に等しいので

$$\bigcirc = \times$$

すなわち，**対頂角は等しい**のです．

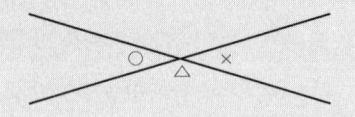

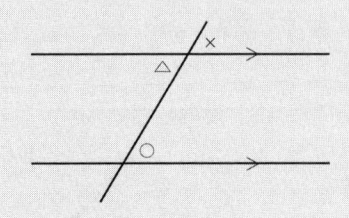

浦島　なるほど．
宗　つぎに平行な2直線に1つの直線が交わっているとき，

図の○と×を**同位角**，○と△を**錯角**といいます．2直線が平行なので，**同位角は等しい**のです．

浦島　平行にずらして行けば重なるので，直観的には納得できますぞ．
宗　一方，×と△は対頂角で等しいので，

$$○ = × = △$$

となって，○ = △，すなわち，錯角は等しいことがわかるのです．

浦島　なるほど．おもしろいですなあ．
宗　でしょでしょ，そうでしょ？
浦島　対頂角，同位角，錯角という言葉はその昔龍宮城で乙姫さまから教わったのですが，すっかり忘れておりました．宗どのの説明を聞いて一発で思い出しました．なんだかなつかしいですなあ．
宗　でしょでしょ，そうでしょ？
浦島　こちらの方にも池がありますが，今度は真四角な池の中にロープが張ってあるのですか？

ピタゴラスの池

宗　はい．「ピタゴラスの池」と申します．
浦島　ピタゴラス？　どこかで聞いたような名前ですな．
宗　でしょでしょ，そうでしょ？
浦島　思い出した．ピタゴラスの定理だ．
宗　はい．三平方の定理ともいいます．
浦島　この池とどういう関係が？
宗　この池をじっと見ていると，ピタゴラスの定理がなぜ成り立つのかがわかります．
浦島　ちょっと待って下さい．ピタゴラスの定理というのは…
宗　ここに黒板があります．直角三角形を1つ書いてみましょう．

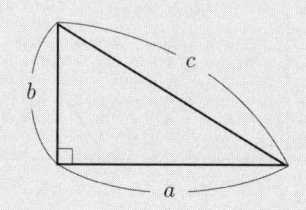

直角をはさむ2辺の長さをa, b, 斜辺の長さをcとするとき，
$$a^2 + b^2 = c^2$$
が成り立ちます．これが**ピタゴラスの定理**です．

浦島 そうでしたそうでした．思い出しました．池をじっと見ていると

$$a^2 + b^2 = c^2$$

という式がなぜ成り立つのかがわかるとおっしゃいましたが．

宗 黒板で説明しましょう．直角三角形の直角をはさむ2辺を少し延長して，1辺の長さが $a+b$ の正方形を作ります．

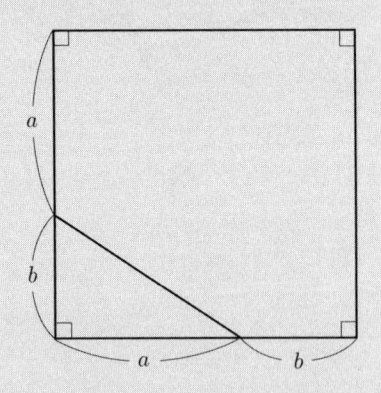

この大きな正方形を，さらに次のように分割します．

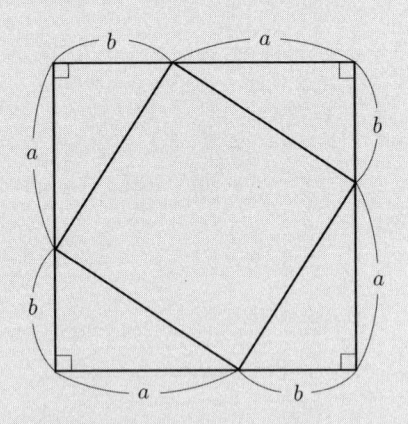

すると，合同な直角三角形が4つできて，まん中に1辺の長さが c の正方形ができます（辺と辺のなす角が $180° - 90° = 90°$ になるから）．三角形の内角の和は $180°$ ですから，直角三角形

の直角以外の2つの角の和は$90°$なのです．

浦島　ふんふん，なるほど．

宗　大きな正方形の面積は，1辺の長さが$a+b$ですから，
$$(a+b)^2$$
になります．上のように分割して考えると，1つの直角三角形の面積が
$$\frac{1}{2}ab$$
で，これが4つあって，さらにまん中の正方形の面積がc^2なので，
$$(a+b)^2 = 4 \times \frac{1}{2}ab + c^2$$
となりますでしょ．

浦島　そうなりますなあ．

宗　したがって
$$(a+b)^2 = 2ab + c^2$$
となりますが，
$$(a+b)^2 = a^2 + 2ab + b^2$$
ですから，
$$a^2 + 2ab + b^2 = 2ab + c^2.$$
両辺から$2ab$を引いて
$$a^2 + b^2 = c^2$$
が出てくるのです．

浦島　いやあ，お見事！　すばらしいですなあ．

宗　でしょでしょ，そうでしょ？

浦島　ピタゴラスの池の意味がよくわかりました．この庭はホントにおもしろい！

宗　でしょでしょ，そうでしょ？

● 第六話

中学数学の復習

●宿題 5 の答　（ 1 ）$x = \dfrac{1}{11}, \quad y = \dfrac{3}{11}$
（ 2 ）$x = 3, \quad y = 7$　（ 3 ）$x = -\dfrac{27}{7}, \quad y = -\dfrac{16}{7}$

姫　今週はいよいよ「桃子のあいじょうを求めよ」という課題に挑戦するのですが，その前に中学数学で学んだ「文字式の計算」などを少し復習しておきましょう．

浦島　モジシキ．関門海峡ですか？

姫　は？

浦島　モジシモノセキ．

姫　略してモジシキですか？　ちょっと無理があるようですね．

● 文字式の計算

姫　文字式というのは文字を含んだ式のことです．文字式の計算が苦手で数学ぎらいになってしまうケースもあるようです．

浦島　文字を普通の数だと思って計算すればよろしいのですか？

姫　基本的にはその通りです．ただいろいろな約束ごとがあって，たとえばかけ算の記号は普通は省略します．
$$2 \times a \times b \times c = 2abc$$
といった具合です．

分配法則
$$x(y+z) = xy + xz,$$
$$(x+y)z = xz + yz$$
はとても基本的で，次の形の計算は非常によく登場します．

$$\boldsymbol{(a+b)(c+d) = ac + ad + bc + bd}$$

姫　ここでもかけ算記号は省略されています．念のためかけ算記号を省略しないで書くと
$$(a+b) \times (c+d)$$
$$= a \times c + a \times d + b \times c + b \times d$$
となります．

浦島　この式はおぼえなくちゃいけないのでしょうか．

姫　慣れないうちは上下に印をつけて
$$(a+b)(c+d) = ac + ad + bc + bd$$
とすれば，おぼえなくても計算できますよ．

浦島　なるほど．

姫　さて
$$(a+b)(c+d) = ac + ad + bc + bd$$
がなぜ成り立つかといいますと，まず $(c+d)$ を 1 つのかたまりと考えて分配法則を使うと
$$(a+b)(c+d) = a(c+d) + b(c+d)$$

となりますでしょ．ここでさらに分配法則を 2 回使って
$$= ac + ad + bc + bd$$
となるわけです．

浦島 よくわかりました．

姫 次の公式もよく使われます.

$$(x+a)(x+b) = x^2 + (a+b)x + ab$$

姫 実際，

$$(x+a)(x+b) = xx + xb + ax + ab$$
$$= x^2 + bx + ax + ab$$
$$= x^2 + ax + bx + ab$$

ですが，分配法則から

$$ax + bx = (a+b)x$$

となるので，

$$(x+a)(x+b) = x^2 + ax + bx + ab$$
$$= x^2 + (a+b)x + ab$$

となりますでしょ．ですから

$$(x+a)(x+b) = x^2 + (a+b)x + ab$$

が成り立ちます．左辺を右辺の形に変形することを，左辺を**展開す
る**といいます．

浦島 展開ですか．てんかいてんかい，早く答が出んかい．

姫 は？

浦島 いや，何でもありません．

姫 次の公式も非常によく使われます．

$$(x+a)(x-a) = x^2 - a^2$$

姫　実際，
$$x - a = x + (-a)$$
と書きなおせるので，公式
$$(x+a)(x+b) = x^2 + (a+b)x + ab$$
で $b = -a$ とすると
$$\begin{aligned}(x+a)(x-a) &= (x+a)(x+(-a)) \\ &= x^2 + (a+(-a))x + a(-a) \\ &= x^2 + 0x - a^2 \\ &= x^2 - a^2\end{aligned}$$
となるわけです．
次の公式は有名ですよね．
$$(x+a)^2 = x^2 + 2ax + a^2$$

浦島　お庭の「ピタゴラスの池」を宗どのに解説していただきました．その時にも登場したと思います．

姫　先ほどの公式
$$(x+a)(x+b) = x^2 + (a+b)x + ab$$
で $b = a$ としますと，
$$\begin{aligned}(x+a)^2 &= x^2 + (a+a)x + aa \\ &= x^2 + 2ax + a^2\end{aligned}$$
となって出てきます．
ついでにもう1つ．
$$(x-a)^2 = x^2 - 2ax + a^2$$

姫　これは公式
$$(x+a)^2 = x^2 + 2ax + a^2$$
の a のところに $-a$ を入れてやります．同じ文字 a を使うのがキモ

チワルイとおっしゃるなら，まず
$$(x+b)^2 = x^2 + 2bx + b^2$$
としておいて，ここに $b = -a$ を入れます．すると
$$(x+(-a))^2 = x^2 + 2(-a)x + (-a)^2$$
ですが，
$$(-a)^2 = (-a)(-a) = (-1) \times a \times (-1) \times a$$
$$= (-1)^2 \times a^2 = 1 \times a^2 = a^2$$
ですから，
$$(x-a)^2 = x^2 - 2ax + a^2$$
となるわけです．

浦島 マイナスが出てくるとややこしいですなあ．でも，まーいいナス．
姫 は？
浦島 いえ，何でもありません．

●例題1　展開せよ．

(1)　$(x+1)(x+5)$　　　　(2)　$(x-3)(x+3)$
(3)　$(x-2)(x+3)$　　　　(4)　$(x-4)(x-7)$

姫 いかがですか，浦島さま？
浦島 やってみましょう．てんかいてんかい早く答が出んかい，と．(1) は公式
$$(x+a)(x+b) = x^2 + (a+b)x + ab$$
にあてはめて，
$$(x+1)(x+5) = x^2 + (1+5)x + 1 \times 5$$
$$= x^2 + 6x + 5$$

80

ですな．(2) は公式
$$(x+a)(x-a) = x^2 - a^2$$
にあてはめて，
$$(x-3)(x+3) = (x+3)(x-3)$$
$$= x^2 - 3^2$$
$$= x^2 - 9$$
となります．

姫　さすがは浦島さま，はやいですね！

浦島　浦島かボルトかというくらいでしょう．(3) は，あれ，マイナスが出てきたなあ．でもまーいいナス．

姫　$x - k$ は，
$$x - k = x + (-k)$$
と考えてはいかがでしょう．

浦島　なるほど．するとやはり公式
$$(x+a)(x+b) = x^2 + (a+b)x + ab$$
を使って，
$$(x-2)(x+3) = (x+(-2))(x+3)$$
$$= x^2 + ((-2)+3)x + (-2) \times 3$$
$$= x^2 + x - 6,$$
(4) は
$$(x-4)(x-7) = (x+(-4))(x+(-7))$$
$$= x^2 + ((-4)+(-7))x + (-4) \times (-7)$$
$$= x^2 + (-11)x + 28$$
$$= x^2 - 11x + 28$$
となりました．

姫　正解です．

●例題1の答　（1）x^2+6x+5　　（2）x^2-9
（3）x^2+x-6　　（4）$x^2-11x+28$

●2次式の因数分解

姫　**因数分解**は「展開」の逆ですから，先ほどの公式の左辺と右辺を入れ替えて

$$x^2+(a+b)x+ab=(x+a)(x+b)$$

と書いておきましょう．

浦島　因数分解という言葉はおぼえていますが，どういうふうにやるのか，すっかり忘れてしまいました．

姫　例題でご説明しましょう．

●例題2　因数分解せよ．

（1）x^2+3x+2　　　（2）x^2-5x+4
（3）$x^2+2x-15$　　（4）$x^2-2x-15$
（5）x^2+2x　　　　（6）x^2-25

姫　まず(1)の

$$x^2+3x+2$$

ですが，先ほどの公式を使うには

$$x^2+3x+2=x^2+(a+b)x+ab$$

という形になればよいのです．そこで

$$a+b=3, \quad ab=2$$

を満たすa, bを探します．

浦島　どうやって探すのですか？

姫　a にいろいろな「整数」を代入していくのです．a も b も整数だとすると

$$ab = 2$$

ですから，a の可能性は

$$1,\ 2,\ -1,\ -2$$

だけしかありません．$a=1$ とすると $b=2$ になりますから

$$a+b=3,\qquad ab=2$$

で OK です．したがって

$$x^2 + 3x + 2 = x^2 + (1+2)x + 1\times 2$$
$$= (x+1)(x+2)$$

と因数分解できました．

浦島　はあ．なんだか分かったような分からないような…

姫　(2) は

$$x^2 - 5x + 4$$

ですね．これが

$$x^2 + (a+b)x + ab$$

という形になればよいのです．そこで

$$a+b = -5,\qquad ab = 4$$

を満たす $a,\ b$ を探します．

浦島　どうもマイナスが出てくるとやりにくいですなあ．でも，まーいいナス．

姫　a も b も整数だとすると，

$$ab = 4$$

ですから，a の可能性としては

$$1,\ 2,\ 4,\ -1,\ -2,\ -4$$

のどれかしかありません．a が決まれば
$$b = \frac{4}{a}$$
が決まり，$a+b$ が決まります．

a	1	2	4	-1	-2	-4
b	4	2	1	-4	-2	-1
$a+b$	5	4	5	-5	-4	-5

上の表から
$$a+b = -5$$
となるものを探すと，$a=-1$（または $a=-4$）とすればよいので，
$$x^2 - 5x + 4 = (x-1)(x-4)$$
と因数分解できます．

浦島 ウーン．なんとなくわかったような気もしますが，今一つピンと来ません．困ったものです．

姫 慣れれば平気．心配ありませんよ．

(3) は
$$x^2 + 2x - 15$$
なので，
$$a+b = 2, \qquad ab = -15$$
を満たす整数 a, b を探します．まず 15 を**素因数分解**すると
$$15 = 3 \times 5$$
ですから，a は
$$1,\ 3,\ 5,\ 15,\ -1,\ -3,\ -5,\ -15$$
の中のどれかで，b と $a+b$ は a の値を決めれば次の表によって決まります．

a	1	3	5	15	-1	-3	-5	-15
b	-15	-5	-3	-1	15	5	3	1
$a+b$	-14	-2	2	14	14	2	-2	-14

この中で
$$a+b=2$$
となるのは，$a=5$（または$a=-3$）ですから，
$$x^2+2x-15=(x+5)(x-3)$$
と因数分解されます．

浦島 昔，乙姫さまから教わった因数分解ですが，なんとなく思い出してきました．

姫 因数分解は苦労される方が少なくないので，結構インパクトがあったのかもしれませんね．
(4) は
$$x^2-2x-15$$
ですが，
$$a+b=-2, \qquad ab=-15$$
を満たすa, bを探すときに今の表がそのまま使えて，$a=3$（または$a=-5$）とすればよいので，
$$x^2-2x-15=(x+3)(x-5)$$
となります．

浦島 表を書いて計算するのですな？

姫 慣れないうちはその方が確実です．慣れてくるといちいち表を書いたりしません．ヤマカンで一発，というケースも少なくありません．

浦島 ヤマカンですか？

姫 たとえば (5) の
$$x^2+2x$$
ですが，xをくくり出せることはすぐわかるので，
$$x^2+2x=x(x+2)$$
と因数分解されます．

(6) は，2乗の差の公式
$$a^2 - b^2 = (a+b)(a-b)$$
がすぐ思い浮かびますから，
$$x^2 - 25 = (x+5)(x-5)$$
と因数分解できます．

●例題 2 の答　（1）$(x+1)(x+2)$

（2）$(x-1)(x-4)$　　（3）$(x+5)(x-3)$

（4）$(x+3)(x-5)$　　（5）$x(x+2)$

（6）$(x+5)(x-5)$

◉2 次方程式の解の公式

姫　2次方程式の解の公式はとても有名ですね．

x を未知数とする 2 次方程式
$$ax^2 + bx + c = 0$$
の解は
$$x = \frac{-b \pm \sqrt{b^2 - 4ac}}{2a}$$
で与えられる（a, b, c は定数で，$a \neq 0$）．

浦島　この公式はおぼえないといけないのでしょうか？

姫　これは丸暗記して下さい．そんなにおぼえにくい公式ではありませんよ．

　　　　　　ニーエーブンノマイナスビー
　　　　　　プラスマイナス
　　　　　　ルートビージジョウ
　　　　　　マイナスヨンエーシー

と，お経のようにくり返しとなえていると，そのうちおぼえてしまいます．

浦島 お経のように，ですか？

姫 この公式がなぜ成り立つのか，簡単に解説しておきましょう．方程式
$$ax^2 + bx + c = 0$$
の両辺に $4a$ をかけても，$4a \neq 0$ ですから条件としては変わらないので，解も同じです．そこで
$$4a(ax^2 + bx + c) = 0,$$
すなわち
$$4a^2x^2 + 4abx + 4ac = 0$$
を(x を未知数として)解くことにしましょう．
$$(2ax + b)^2 = (2ax)^2 + 2(2ax)b + b^2$$
$$= 4a^2x^2 + 4abx + b^2$$
ですから，
$$4a^2x^2 + 4abx = (2ax + b)^2 - b^2.$$
したがって方程式は
$$(2ax + b)^2 - b^2 + 4ac = 0,$$
すなわち
$$(2ax + b)^2 = b^2 - 4ac$$
となります．$2ax + b$ を 2 乗すると $b^2 - 4ac$ になるのですから，
$$2ax + b = \pm\sqrt{b^2 - 4ac}$$
となります．ここで $\pm$ と書いたのは
$$\sqrt{b^2 - 4ac} \quad \text{または} \quad -\sqrt{b^2 - 4ac}$$
という意味です．したがって
$$2ax = -b \pm \sqrt{b^2 - 4ac},$$

$$x = \frac{-b \pm \sqrt{b^2 - 4ac}}{2a}$$

となって，解の公式が得られました．

浦島 手品を見ているようです．

姫 ちなみに，$b^2 - 4ac$ が負の数のときは，$\sqrt{b^2 - 4ac}$ は**虚数**になります．

次の公式も，計算ではよく使われます．

x を未知数とする 2 次方程式

$$ax^2 + 2bx + c = 0$$

の解は

$$x = \frac{-b \pm \sqrt{b^2 - ac}}{a}$$

で与えられる(a, b, c は定数で，$a \neq 0$)．

浦島 さっきの公式とどこが違うのですか？

姫 方程式をよーく見て下さい．x の係数が b ではなくて $2b$ になっているでしょう？　さっきの公式で b のところに $2b$ を入れると，解は

$$x = \frac{-2b \pm \sqrt{(2b)^2 - 4ac}}{2a}$$
$$= \frac{-2b \pm \sqrt{4(b^2 - ac)}}{2a}$$
$$= \frac{-b \pm \sqrt{b^2 - ac}}{a}$$

となるわけです．

浦島 ははあ，なるほど．

姫 できればこの公式も丸暗記して下さい．結構「使える」公式ですよ．

●**例題 3**　2 次方程式を解け．

（1）　$3x^2 + 5x + 1 = 0$　　（2）　$x^2 - x - 1 = 0$

（3）　$x^2 + 2x - 2 = 0$　　（4）　$2x^2 - 6x + 1 = 0$

姫　いかがですか，浦島さま？

浦島　公式が2つ出てきて，いささか混乱しております．

姫　慣れてしまえばこの程度の問題は「お茶の子さいさい」ですのよ．
まず (1) の方程式は
$$3x^2 + 5x + 1 = 0$$
ですが，これを
$$ax^2 + bx + c = 0$$
に当てはめると，a，b，c の値はどうなります？

浦島　これは一目瞭然で，
$$a = 3, \quad b = 5, \quad c = 1$$
となります．

姫　ならば公式を使って・・・

浦島　なるほど．
$$\begin{aligned}x &= \frac{-b \pm \sqrt{b^2 - 4ac}}{2a} \\ &= \frac{-5 \pm \sqrt{5^2 - 4 \times 3 \times 1}}{2 \times 3} \\ &= \frac{-5 \pm \sqrt{25 - 12}}{6} \\ &= \frac{-5 \pm \sqrt{13}}{6}\end{aligned}$$
となりました．

姫　正解です．簡単でしょう？

浦島　そうですなあ．しかし (2) の場合は
$$x^2 - x - 1 = 0$$
ですが，これを
$$ax^2 + bx + c = 0$$
に当てはめるのは難しいですぞ．

姫　ちょっと工夫をして
$$x^2 - x - 1 = 1 \cdot x^2 + (-1)x + (-1)$$
と考えてみましょう．

浦島　ははあ．すると
$$a = 1, \quad b = -1, \quad c = -1$$
として公式を適用すればよいのか．なるほどなるほど．しかしマイナスの数の計算はめんどくさいなあ．でも，まーいいナス．えーと，
$$x = \frac{-b \pm \sqrt{b^2 - 4ac}}{2a}$$
$$= \frac{-(-1) \pm \sqrt{(-1)^2 - 4 \times 1 \times (-1)}}{2 \times 1}$$
$$= \frac{1 \pm \sqrt{1 + 4}}{2}$$
$$= \frac{1 \pm \sqrt{5}}{2}$$
で，求まりました．

姫　正解です．

浦島　だんだん調子が出てきましたぞ．(3) も同じようにやれそうですが．

姫　(3) は
$$x^2 + 2x - 2 = 0$$
で，x の係数が 2 で偶数になっていますね．そういうときは 2 番目の公式を使います．
$$ax^2 + 2bx + c = 0$$
に当てはめると，a, b, c の値はどうなります？

浦島　えーと，
$$a = 1, \quad b = 1, \quad c = -2$$
でしょうか．

姫　その通りです．そこで公式
$$x = \frac{-b \pm \sqrt{b^2 - ac}}{a}$$

を使いましょう．

浦島　そうすると，

$$x = \frac{-b \pm \sqrt{b^2 - ac}}{a}$$
$$= \frac{-1 \pm \sqrt{1^2 - 1 \times (-2)}}{1}$$
$$= -1 \pm \sqrt{1 + 2}$$
$$= -1 \pm \sqrt{3}$$

となりました．

姫　正解です．その調子で (4) はいかがですか？

浦島　方程式が

$$2x^2 - 6x + 1 = 0$$

で x の係数が偶数ですから，

$$ax^2 + 2bx + c = 0$$

に当てはめると

$$a = 2, \quad b = -3, \quad c = 1$$

になります．したがって

$$x = \frac{-b \pm \sqrt{b^2 - ac}}{a}$$
$$= \frac{-(-3) \pm \sqrt{(-3)^2 - 2 \times 1}}{2}$$
$$= \frac{3 \pm \sqrt{9 - 2}}{2}$$
$$= \frac{3 \pm \sqrt{7}}{2}$$

となります．

姫　正解です．

●例題 3 の答　（ 1 ）$x = \dfrac{-5 \pm \sqrt{13}}{6}$　　（ 2 ）$x = \dfrac{1 \pm \sqrt{5}}{2}$

（ 3 ）$x = -1 \pm \sqrt{3}$　　（ 4 ）$x = \dfrac{3 \pm \sqrt{7}}{2}$

● **因数分解できる場合**

姫　2 次方程式を解くとき，いつでも解の公式を使うわけではありません．因数分解できる場合は簡単に解が求められます．
たとえば
$$x^2 + 3x + 2 = 0$$
という方程式を考えて下さい．左辺は因数分解することができて
$$x^2 + 3x + 2 = (x+1)(x+2)$$
となりますから，方程式を
$$(x+1)(x+2) = 0$$
と書きなおすことができます．
一般に，次のことが成り立ちます．

2 つの数をかけて 0 になるならば，2 つの数のうち少なくとも 1 つは 0 である．

姫　当たり前のように見えるかもしれませんが，数学ではとてもよく使われる重要な考え方です．
$$\alpha\beta = 0$$
という条件と，
$$\alpha = 0 \quad \text{または} \quad \beta = 0$$
という条件とは，同じことを主張していることになるのです．
さっきの例に戻りますが，
$$(x+1)(x+2) = 0$$
という式は，$x+1$ と $x+2$ をかけると 0 になることを主張しているので，これは
$$x+1 = 0 \quad \text{または} \quad x+2 = 0$$
ということと同じです．すなわち，

$$x = -1 \quad \text{または} \quad x = -2$$

と同じです．方程式が解けてしまいました．

浦島　解の公式をぜんぜん使いませんでしたね．

姫　方程式の解が2つあって，$x=-1$ と $x=-2$ だということがわかりました．この答の書き方は「流儀」がいろいろあって，たとえば

$$x = -1, \quad -2$$

と書いたり，あるいは

$$x = -1, \quad x = -2$$

と書いたりします．どちらも

$$x = -1 \quad \text{または} \quad x = -2$$

という意味です．

浦島　昔の記憶が少しずつよみがえってきました．因数分解や2次方程式ではずいぶん苦労したような気がします．

姫　今日はこれくらいにして，また宿題をさし上げておきましょう．

●宿題 6

① 展開せよ．　（1）$(x+2)(x+5)$
（2）$(x-1)(x-10)$　　（3）$(x+7)(x-10)$

② 2次方程式を解け．　（1）$x^2 - 7x + 10 = 0$
（2）$x^2 + x - 6 = 0$　　（3）$5x^2 - x - 5 = 0$
（4）$2x^2 + 10x + 5 = 0$

● 第七話

固有値の計算

●宿題6の答　①　（1）$x^2 + 7x + 10$　　（2）$x^2 - 11x + 10$
（3）$x^2 - 3x - 70$

②　（1）$x = 2, 5$　　（2）$x = 2, -3$　　（3）$x = \dfrac{1 \pm \sqrt{101}}{10}$
（4）$x = \dfrac{-5 \pm \sqrt{15}}{2}$

浦島　ワシは冬が苦手ですが，寒い寒い「大寒」の日に山に行ったことがあります．

姫　代官山ですね．

浦島　さすがは姫さま，読まれてしまいました！

姫　さて浦島さま，桃子のあいじょうを求めよという課題，まだおぼえていらっしゃいますよね．

浦島　もちろんですとも．片時もわすれたことはございません．

姫　その課題を解決する鍵となるのが，今日これからお話しする「固有

値」という概念です.

浦島　こゆうち, ですか？　聞いたことがございません.

姫　ここはちょっとややこしいので, ゆっくりとご説明いたしましょう.

浦島　よろしくお願いいたします.

● 行列の固有値

姫　一般に, 固有値は n 次の正方行列に対して定義されるのですが, ここでは2次の正方行列に限定してお話しいたします.

A を2次の正方行列

$$A = \begin{pmatrix} a & b \\ c & d \end{pmatrix}$$

とするとき, x を未知数とする方程式

$$\begin{vmatrix} a-x & b \\ c & d-x \end{vmatrix} = 0$$

を, 行列 A の**固有方程式**といいます. 固有方程式の解の1つ1つを, 行列 A の**固有値**といいます.

浦島　方程式の左辺は, 行列式ですか？

姫　その通りです. ですから,

$$\begin{vmatrix} a-x & b \\ c & d-x \end{vmatrix} = (a-x)(d-x) - bc$$

となります. 固有方程式は2次方程式になります.

浦島　すると, 2次の正方行列の固有値を求めるには, 2次方程式を解けばよいのですね？

姫　その通りです. さっそく練習問題をやってみましょう.

●例題1　行列の固有値を求めよ.

(1) $\begin{pmatrix} 2 & 2 \\ 2 & 5 \end{pmatrix}$　　(2) $\begin{pmatrix} 7 & 3 \\ 2 & 2 \end{pmatrix}$　　(3) $\begin{pmatrix} -2 & 3 \\ 3 & 6 \end{pmatrix}$

姫　まず (1) の
$$\begin{pmatrix} 2 & 2 \\ 2 & 5 \end{pmatrix}$$
ですが，固有方程式はどうなるでしょうか？

浦島　えーと，左上と右下から x を引いて行列式を作り，それを 0 とするわけですから，
$$\begin{vmatrix} 2-x & 2 \\ 2 & 5-x \end{vmatrix} = 0$$
というのが固有方程式になります．

姫　その通りです．固有方程式の解の 1 つ 1 つが「固有値」ですから，この方程式を解けばよいのです．左辺の行列式を計算しましょう．

浦島　行列式というのは左上と右下をかけたものから右上と左下をかけたものを引き算しますから，
$$\begin{vmatrix} 2-x & 2 \\ 2 & 5-x \end{vmatrix} = (2-x)(5-x) - 2 \times 2$$
$$= (2-x)(5-x) - 4$$
となります．

姫　ここで
$$(2-x)(5-x)$$
をそのまま分配法則で計算してもよいのですが，$(2-x)$ と $(5-x)$ にそれぞれ (-1) をかけると，
$$(-1) \times (2-x) = x - 2,$$
$$(-1) \times (5-x) = x - 5$$
となり，また
$$(-1) \times (-1) = 1$$
ですから
$$(2-x)(5-x) = (x-2)(x-5)$$
となりますね．

浦島　なるほど．それで展開すると，
$$\begin{vmatrix} 2-x & 2 \\ 2 & 5-x \end{vmatrix} = (2-x)(5-x) - 4$$
$$= (x-2)(x-5) - 4$$
$$= x^2 - 7x + 10 - 4$$
$$= x^2 - 7x + 6$$
となりますから，固有方程式は
$$x^2 - 7x + 6 = 0$$
という2次方程式になりますな．

姫　因数分解できるでしょうか？

浦島　ちょっとお待ち下さい．
$$ab = 6, \quad a + b = -7$$
を満たす a, b を探すと，ありました．
$$a = -1, \quad b = -6$$
とすればよいので，
$$x^2 - 7x + 6 = (x-1)(x-6) = 0$$
となります．

姫　かけて0だと，どっちかが0なので…

浦島　はいはい．
$$x - 1 = 0 \quad \text{または} \quad x - 6 = 0,$$
すなわち
$$x = 1 \quad \text{または} \quad x = 6$$
と求まります．固有値は1と6です．

姫　正解です．(2) はどうなるでしょう？

浦島　(2) は
$$\begin{pmatrix} 7 & 3 \\ 2 & 2 \end{pmatrix}$$

ですから，固有方程式は
$$\begin{vmatrix} 7-x & 3 \\ 2 & 2-x \end{vmatrix} = 0,$$
すなわち，
$$(7-x)(2-x) - 3 \times 2 = (x-7)(x-2) - 6$$
$$= x^2 - 9x + 14 - 6$$
$$= x^2 - 9x + 8$$
$$= 0$$
となります．

姫　これも因数分解できそうですね．

浦島　はい．
$$x^2 - 9x + 8 = (x-1)(x-8) = 0$$
となって，
$$x = 1,\ 8$$
と求まりました．固有値は 1 と 8 でございます．

姫　正解です．この調子で (3) はいかがでしょうか？

浦島　(3) は
$$\begin{pmatrix} -2 & 3 \\ 3 & 6 \end{pmatrix}$$
で，ありゃ？　ワシの苦手なマイナスが出てきたなあ．まーいいナス．固有方程式は，
$$\begin{vmatrix} -2-x & 3 \\ 3 & 6-x \end{vmatrix} = (-2-x)(6-x) - 3 \times 3$$
$$= (-2-x)(6-x) - 9$$
ですが，$(6-x)$ はひっくりかえして $(x-6)$ ですが，$(-2-x)$ はひっくりかえして $(x-2)$ ですか？

姫　いいえ．(-1) をかけるわけですから，
$$(-1) \times (6-x) = x - 6,$$

$$(-1) \times (-2 - x) = x + 2$$

となります．

浦島 あっ，そうか．ややこしいですなあ．そうしますと，固有方程式は

$$\begin{vmatrix} -2-x & 3 \\ 3 & 6-x \end{vmatrix} = (-2-x)(6-x) - 9$$
$$= (x+2)(x-6) - 9$$
$$= x^2 - 4x - 12 - 9$$
$$= x^2 - 4x - 21$$
$$= 0$$

となって，

$$x^2 - 4x - 21$$

は因数分解できるのかな．

姫 そうですね．

$$ab = -21, \qquad a + b = -4$$

を満たす a, b を探すのですが，21 を「素因数分解」すると

$$21 = 3 \times 7$$

となるので，それがヒントかしら．

浦島 あ，わかりました．

$$a = 3, \qquad b = -7$$

とすればよいので，

$$x^2 - 4x - 21 = (x+3)(x-7) = 0$$

を解いて

$$x + 3 = 0 \quad \text{または} \quad x - 7 = 0,$$

すなわち

$$x = -3, 7$$

で求まりました．固有値は 7 と -3 です．

姫　正解です．固有値が2つでてきましたが，練習問題の答を書くとき，2つの固有値の順番はどっちが先でもかまいません．

●例題1の答　（1）1, 6　（2）1, 8　（3）7, −3

姫　問題練習を続けましょう．

●例題2　行列の固有値を求めよ．

（1）$\begin{pmatrix} -1 & 6 \\ -2 & 7 \end{pmatrix}$　（2）$\begin{pmatrix} 5 & -3 \\ -5 & 7 \end{pmatrix}$　（3）（浦島）

姫　先ほどの例題と同じ解き方でももちろん OK ですのよ．ただ，これらの行列は「行和が等しい」という共通の性質があります．
浦島　とおっしゃいますと？
姫　行列の各行(第1行，第2行)に並んだ数を足すと，それがどの行でも同じになるのです．たとえば (1) の
$$\begin{pmatrix} -1 & 6 \\ -2 & 7 \end{pmatrix}$$
では，各行の数を足すと
$$-1 + 6 = 5,$$
$$-2 + 7 = 5$$
となって同じになりますでしょ．
浦島　なるほど．(2) でも (3) でも，そうなっておりますな．
姫　その性質を利用してみましょう．(1) の固有方程式は
$$\begin{vmatrix} -1-x & 6 \\ -2 & 7-x \end{vmatrix} = 0$$
ですが，左辺の行列式で，第2列を第1列に加えます．

浦島 ほほう．

姫 そうすると，行列式の値は変わらないので，

$$\begin{vmatrix} -1-x & 6 \\ -2 & 7-x \end{vmatrix} = \begin{vmatrix} (-1-x)+6 & 6 \\ -2+(7-x) & 7-x \end{vmatrix}$$
$$= \begin{vmatrix} 5-x & 6 \\ 5-x & 7-x \end{vmatrix}$$

となって，第 1 列に

$$5-x$$

が並びますから，これを「共通因子」と考えて行列式の外にくくり出すことができます．

浦島 「行列式の性質」で勉強したことを使うわけですね．

姫 はい．因数分解できてしまいます．

$$\begin{vmatrix} -1-x & 6 \\ -2 & 7-x \end{vmatrix} = \begin{vmatrix} 5-x & 6 \\ 5-x & 7-x \end{vmatrix}$$
$$= (5-x)\begin{vmatrix} 1 & 6 \\ 1 & 7-x \end{vmatrix}$$
$$= (5-x)(1 \times (7-x) - 6 \times 1)$$
$$= (5-x)(7-x-6)$$
$$= (5-x)(1-x)$$
$$= (x-5)(x-1)$$
$$= 0$$

を解いて，

$$x = 5,\ 1$$

と求まります．固有値は 1 と 5 です．

浦島 ははあなるほど．すると (2) は

$$\begin{pmatrix} 5 & -3 \\ -5 & 7 \end{pmatrix}$$

ですから，固有方程式は

$$\begin{vmatrix} 5-x & -3 \\ -5 & 7-x \end{vmatrix} = \begin{vmatrix} (5-x)+(-3) & -3 \\ -5+(7-x) & 7-x \end{vmatrix}$$
$$= \begin{vmatrix} 2-x & -3 \\ 2-x & 7-x \end{vmatrix}$$
$$= (2-x)\begin{vmatrix} 1 & -3 \\ 1 & 7-x \end{vmatrix}$$
$$= (2-x)(1\times(7-x)-(-3)\times 1)$$
$$= (2-x)(7-x+3)$$
$$= (2-x)(10-x)$$
$$= (x-2)(x-10)$$
$$= 0$$

となって，

$$x = 2,\ 10$$

と求まりました．固有値は 2 と 10 ですな．

姫 正解です．(3) はいかがでしょう？

浦島 (3) は

$$(浦島) = \begin{pmatrix} 0 & 1 \\ 1 & 0 \end{pmatrix}$$

ですから，固有方程式は

$$\begin{vmatrix} 0-x & 1 \\ 1 & 0-x \end{vmatrix} = \begin{vmatrix} -x & 1 \\ 1 & -x \end{vmatrix}$$
$$= \begin{vmatrix} -x+1 & 1 \\ 1+(-x) & -x \end{vmatrix}$$
$$= \begin{vmatrix} -x+1 & 1 \\ -x+1 & -x \end{vmatrix}$$
$$= (-x+1)\begin{vmatrix} 1 & 1 \\ 1 & -x \end{vmatrix}$$
$$= (-x+1)(1\times(-x)-1\times 1)$$
$$= (-x+1)(-x-1)$$
$$= (x-1)(x+1)$$

$$= 0.$$

これを解いて
$$x = 1, -1$$

となりますから，(浦島)の固有値は 1 と -1 でございます．

姫　正解です．

●例題 2 の答　　（1）1, 5　　（2）2, 10　　（3）1, -1

姫　さらに問題練習を続けましょう．

●例題 3　行列の固有値を求めよ．

（1）(順子)　　（2）$\begin{pmatrix} 1 & 1 \\ 1 & 2 \end{pmatrix}$　　（3）$\begin{pmatrix} -1 & -2 \\ -4 & 3 \end{pmatrix}$

浦島　すこし慣れてきたので挑戦してみますかな．(1) は
$$(\text{順子}) = \begin{pmatrix} 1 & 1 \\ 0 & 1 \end{pmatrix}$$

ですから，固有方程式は
$$\begin{vmatrix} 1-x & 1 \\ 0 & 1-x \end{vmatrix} = (1-x)(1-x) - 1 \times 0$$
$$= (x-1)(x-1) - 0$$
$$= (x-1)^2$$
$$= 0$$

となります．すなわち
$$(x-1)^2 = 0$$

で，ありゃりゃ？

姫　2乗して0になる数は0しかありません．

浦島　すると
$$x - 1 = 0,$$
すなわち
$$x = 1$$
となります．固有値は 1 ですが，1 個だけしか出てきませんぞ．

姫　固有値はこの場合 1 個だけです．あるいは，固有方程式が「重解」をもつケースなので，2 つの固有値が重なったと考えることもできますよ．

浦島　ははあ．ややこしいですなあ．えーと (2) は
$$\begin{pmatrix} 1 & 1 \\ 1 & 2 \end{pmatrix}$$
ですから，固有方程式は
$$\begin{aligned} \begin{vmatrix} 1-x & 1 \\ 1 & 2-x \end{vmatrix} &= (1-x)(2-x) - 1 \times 1 \\ &= (x-1)(x-2) - 1 \\ &= x^2 - 3x + 2 - 1 \\ &= x^2 - 3x + 1 \\ &= 0 \end{aligned}$$
ですな．えーと因数分解できるかな．ウーン，因数分解できませんぞ．

姫　そういう時は解の公式をつかいましょう．

浦島　解の公式でございますか？ニーエーブンノマイナスビー，プラスマイナスルートビージジョウマイナスヨンエーシーでしたな？

姫　よくおぼえてらっしゃいますね！

浦島　はい．お経のように何度も唱えているうちにおぼえました．そうすると，
$$x^2 - 3x + 1 = 0$$
の解ですから，

$$x = \frac{-(-3) \pm \sqrt{(-3)^2 - 4 \times 1 \times 1}}{2 \times 1}$$
$$= \frac{3 \pm \sqrt{9-4}}{2}$$
$$= \frac{3 \pm \sqrt{5}}{2}$$

となりました．固有値は

$$\frac{3+\sqrt{5}}{2}, \quad \frac{3-\sqrt{5}}{2}$$

の2つです．

姫 正解です．

浦島 (3) は

$$\begin{pmatrix} -1 & -2 \\ -4 & 3 \end{pmatrix}$$

ですから，固有方程式は

$$\begin{vmatrix} -1-x & -2 \\ -4 & 3-x \end{vmatrix} = (-1-x)(3-x) - (-2) \times (-4)$$
$$= (x+1)(x-3) - 8$$
$$= x^2 - 2x - 3 - 8$$
$$= x^2 - 2x - 11$$
$$= 0$$

ですな．ウーンこれも因数分解できません．2次方程式

$$x^2 - 2x - 11 = 0$$

の解は・・・

姫 x の係数が偶数なので．

浦島 そうかそうか．

$$x^2 + 2(-1)x - 11 = 0$$

と考えて，エーブンノマイナスビー，プラスマイナスルートビージョウマイナスエーシーを使うと，

$$x = \frac{-(-1) \pm \sqrt{(-1)^2 - 1 \times (-11)}}{1}$$

$$= 1 \pm \sqrt{1+11}$$
$$= 1 \pm \sqrt{12}$$

となります．固有値は $1+\sqrt{12}$ と $1-\sqrt{12}$ ですな．

姫 正解ですが，$\sqrt{12}$ はもう少し整理するのが「作法」です．12 を「素因数分解」すると

$$12 = 2^2 \times 3$$

となりますから，

$$\sqrt{12} = 2\sqrt{3}$$

として，ルートの中から平方数を外に出しておきます．

浦島 ははあ．すると固有値は

$$1 + 2\sqrt{3}, \quad 1 - 2\sqrt{3}$$

の2つとなります．

● 例題3の答　（1）1（重解）　（2）$\dfrac{3+\sqrt{5}}{2}, \dfrac{3-\sqrt{5}}{2}$
（3）$1+2\sqrt{3}, \quad 1-2\sqrt{3}$

姫 今日はこれくらいにして，宿題をお出ししておきます．固有値の計算は「慣れ」が第一です！

● 宿題7

行列の固有値を求めよ．

（1）（舞）$= \begin{pmatrix} 0 & 4 \\ 0 & 6 \end{pmatrix}$　　（2）$\begin{pmatrix} -7 & 6 \\ 6 & -2 \end{pmatrix}$

（3）$\begin{pmatrix} 15 & -32 \\ 10 & -27 \end{pmatrix}$　　（4）$\begin{pmatrix} 1 & 2 \\ 2 & 8 \end{pmatrix}$

● 第八話

固有ベクトルの計算

●宿題 7 の答　（ 1 ）0, 6　　（ 2 ）2, −11　　（ 3 ）5, −17

（ 4 ）$\dfrac{9+\sqrt{65}}{2}, \dfrac{9-\sqrt{65}}{2}$

姫　　浦島さまはお寿司がお好きだそうですね．
浦島　はい，龍宮城では毎月 16 日に食べておりました．
姫　　16 日に？
浦島　はい．すし 16，ということで．
姫　　少しなまった「かけ算九九」ですね．
浦島　だんだん難しくなってきましたが，桃子のあいじょうは本当に求められるのでしょうか？
姫　　あせってはいけません．これからが正念場ですよ．今日と明日はとくに気合いを入れて下さいね．

●固有ベクトル

姫　λ（ギリシャ文字で「ラムダ」と読みます）を，行列
$$A = \begin{pmatrix} a & b \\ c & d \end{pmatrix}$$
の固有値(の1つ)とします．このとき，
$$\begin{pmatrix} a-\lambda & b \\ c & d-\lambda \end{pmatrix} \begin{pmatrix} x \\ y \end{pmatrix} = \begin{pmatrix} 0 \\ 0 \end{pmatrix}, \quad \begin{pmatrix} x \\ y \end{pmatrix} \neq \begin{pmatrix} 0 \\ 0 \end{pmatrix}$$
を満たすベクトル $\begin{pmatrix} x \\ y \end{pmatrix}$ を，行列 A の**固有値 λ に対する固有ベクトル**といいます．

浦島　いきなりややこしい定義が出てまいりましたな！

姫　体で覚えてしまうと楽ですよ．練習問題をやってみましょう．

●例題1　行列
$$A = \begin{pmatrix} -1 & 2 \\ 1 & -2 \end{pmatrix}$$
の固有値と固有ベクトルを求めよ．

姫　浦島さま，A の固有値を求めて下さい．

浦島　きのう勉強したばかりですから，まだおぼえておりますよ．A の固有方程式は
$$\begin{aligned} \begin{vmatrix} -1-x & 2 \\ 1 & -2-x \end{vmatrix} &= (-1-x)(-2-x) - 2 \times 1 \\ &= (x+1)(x+2) - 2 \\ &= x^2 + 3x + 2 - 2 \\ &= x^2 + 3x \\ &= x(x+3) \\ &= 0 \end{aligned}$$

108

ですから，解は
$$x = 0, \quad -3$$
となり，A の固有値は 0 と -3 ですな．

姫 さすがは浦島さま，はやい！

浦島 浦島かボルトかというくらいでしょう．

姫 つぎは固有ベクトルを求めましょう．ここがちょっとややこしいのですが，固有ベクトルはそれぞれの固有値に対して定まります．A の固有値は 0 と -3 ですから，「固有値 0 に対する固有ベクトル」と，「固有値 -3 に対する固有ベクトル」はちがうものなのです．

浦島 はあ，ややこしい！

姫 まず「固有値 0 に対する固有ベクトル」$\begin{pmatrix} x \\ y \end{pmatrix}$ を求めましょう．
$$\begin{pmatrix} -1-0 & 2 \\ 1 & -2-0 \end{pmatrix} = \begin{pmatrix} -1 & 2 \\ 1 & -2 \end{pmatrix}$$
ですから
$$\begin{pmatrix} -1 & 2 \\ 1 & -2 \end{pmatrix} \begin{pmatrix} x \\ y \end{pmatrix} = \begin{pmatrix} 0 \\ 0 \end{pmatrix}, \quad \begin{pmatrix} x \\ y \end{pmatrix} \neq \begin{pmatrix} 0 \\ 0 \end{pmatrix}$$
を「解けば」よいのです．行列とベクトルの積ですから，
$$\begin{pmatrix} (-1)x + 2y \\ 1 \cdot x + (-2)y \end{pmatrix} = \begin{pmatrix} -x + 2y \\ x - 2y \end{pmatrix} = \begin{pmatrix} 0 \\ 0 \end{pmatrix},$$
すなわち，x と y を未知数として
$$\begin{cases} -x + 2y = 0 \\ x - 2y = 0 \end{cases}$$
という連立 1 次方程式を解くことになります．

浦島 クラメールの公式ですかな．

姫 いえいえ．クラメールの公式を使うときには係数の作る行列式の値が 0 でないという条件がありました．このケースでは係数の作る行列式が

$$\begin{vmatrix} -1 & 2 \\ 1 & -2 \end{vmatrix} = 0$$

となってしまうのでクラメールの公式は使えません．

浦島 弱りましたな．

姫 連立方程式といっても，実際は

$$x - 2y = 0$$

という1本の方程式と同じですよね．ですから

$$x = 2y$$

というのが解になります．yの値を決めれば$x = 2y$によってxの値が決まります．yのとり方は無数の可能性がありますから，解の数も無数にたくさんあるのです．

浦島 無数にたくさん，ですか・・・

姫 さらにこれを「ベクトル」の形になおします．$x = 2y$ですから，

$$\begin{pmatrix} x \\ y \end{pmatrix} = \begin{pmatrix} 2y \\ y \end{pmatrix}.$$

さらにyを「スカラー」としてベクトルの外に出します．

$$\begin{pmatrix} x \\ y \end{pmatrix} = y \begin{pmatrix} 2 \\ 1 \end{pmatrix}.$$

これで固有ベクトルが(すべて)求まりました．固有ベクトルは$\begin{pmatrix} 0 \\ 0 \end{pmatrix}$ではないという条件がありますから，固有値0に対する固有ベクトルは

$$c \begin{pmatrix} 2 \\ 1 \end{pmatrix} \quad (c \neq 0)$$

となります．

浦島 いやあ，なんだか難しくてよく分かりません！

姫 これも「慣れ」が必要ですからご心配には及びません．

つぎに「固有値-3に対する固有ベクトル」を求めましょう．求め

るベクトルを
$$\begin{pmatrix} x \\ y \end{pmatrix}$$
とすると,
$$\begin{pmatrix} -1-(-3) & 2 \\ 1 & -2-(-3) \end{pmatrix} = \begin{pmatrix} 2 & 2 \\ 1 & 1 \end{pmatrix}$$
ですから,
$$\begin{pmatrix} 2 & 2 \\ 1 & 1 \end{pmatrix}\begin{pmatrix} x \\ y \end{pmatrix} = \begin{pmatrix} 0 \\ 0 \end{pmatrix}, \quad \begin{pmatrix} x \\ y \end{pmatrix} \neq \begin{pmatrix} 0 \\ 0 \end{pmatrix}$$
を解けばよいのです.
$$\begin{pmatrix} 2 & 2 \\ 1 & 1 \end{pmatrix}\begin{pmatrix} x \\ y \end{pmatrix} = \begin{pmatrix} 2x+2y \\ x+y \end{pmatrix}$$
なので,
$$\begin{cases} 2x+2y=0 \\ x+y=0 \end{cases}$$
という連立 1 次方程式が出てきます.

浦島 これも先ほどと同じように
$$x+y=0$$
という 1 本の式で表せますなあ.

姫 そうなのです.
$$x=-y$$
ですから,ベクトルの形では
$$\begin{pmatrix} x \\ y \end{pmatrix} = \begin{pmatrix} -y \\ y \end{pmatrix} = y\begin{pmatrix} -1 \\ 1 \end{pmatrix} \qquad (y \neq 0)$$
となります.固有値 -3 に対する固有ベクトルは
$$c\begin{pmatrix} -1 \\ 1 \end{pmatrix} \qquad (c \neq 0)$$
と求まりました.

浦島　固有ベクトルというのは1つだけではなくて無数にたくさんあるのですか？

姫　その通りです．たとえば $c = -1$ とすると
$$\begin{pmatrix} 1 \\ -1 \end{pmatrix}$$
も固有ベクトルの1つです．ここでは固有ベクトルを(1つだけではなくて)全部求めてしまったのです．

●例題1の答　A の固有値は $0, -3$；固有値 0 に対する固有ベクトルは $c \begin{pmatrix} 2 \\ 1 \end{pmatrix}$ $(c \neq 0)$，固有値 -3 に対する固有ベクトルは $c \begin{pmatrix} -1 \\ 1 \end{pmatrix}$ $(c \neq 0)$．

浦島　1つ伺いたいことがあるのですが，固有値 -3 に対する固有ベクトルを求めるとき
$$x + y = 0$$
となりましたが，ここで
$$y = -x$$
として，
$$\begin{pmatrix} x \\ y \end{pmatrix} = \begin{pmatrix} x \\ -x \end{pmatrix} = x \begin{pmatrix} 1 \\ -1 \end{pmatrix}$$
と計算すると，固有ベクトルは
$$c \begin{pmatrix} 1 \\ -1 \end{pmatrix} \quad (c \neq 0)$$
となりますな．

姫　それも大正解です．固有ベクトルは無数にたくさん存在しますけど，答の書き方はただ1通りというわけではありません．
　もう1題，練習問題をやってみましょう．

●例題2　行列
$$A = \begin{pmatrix} -3 & 3 \\ 4 & 1 \end{pmatrix}$$
の固有値と固有ベクトルを求めよ．

姫　いかがでございます？

浦島　えーと，そうですなあ．最初は固有値の計算ですから，固有方程式を求めますと，
$$\begin{vmatrix} -3-x & 3 \\ 4 & 1-x \end{vmatrix} = (-3-x)(1-x) - 3 \times 4$$
$$= (x+3)(x-1) - 12$$
$$= x^2 + 2x - 3 - 12$$
$$= x^2 + 2x - 15$$
$$= 0$$
となります．因数分解できるのかな．
$$15 = 3 \times 5$$
だから，ははあ，
$$x^2 + 2x - 15 = (x-3)(x+5)$$
となりますなあ．
$$(x-3)(x+5) = 0$$
を解いて
$$x = 3, \ -5.$$
A の固有値は 3 と -5 でございます．

姫　正解ですわ．固有ベクトルはどうなるでしょう？

浦島　ちょっとお待ち下さい．えーと，固有ベクトルはそれぞれの固有値に対して定まるので，まず「固有値3に対する固有ベクトル」は

$$\begin{pmatrix} -3-3 & 3 \\ 4 & 1-3 \end{pmatrix} \begin{pmatrix} x \\ y \end{pmatrix} = \begin{pmatrix} 0 \\ 0 \end{pmatrix}, \quad \begin{pmatrix} x \\ y \end{pmatrix} \neq \begin{pmatrix} 0 \\ 0 \end{pmatrix}$$

を満たすベクトル $\begin{pmatrix} x \\ y \end{pmatrix}$ ですから,

$$\begin{pmatrix} -6 & 3 \\ 4 & -2 \end{pmatrix} \begin{pmatrix} x \\ y \end{pmatrix} = \begin{pmatrix} 0 \\ 0 \end{pmatrix},$$

すなわち,

$$\begin{cases} -6x + 3y = 0 \\ 4x - 2y = 0 \end{cases}$$

を解きますと,

$$y = 2x$$

となりますな.

姫 解をベクトルの形に直しましょう.

浦島 なるほど.

$$y = 2x$$

ですから,

$$\begin{pmatrix} x \\ y \end{pmatrix} = \begin{pmatrix} x \\ 2x \end{pmatrix} = x \begin{pmatrix} 1 \\ 2 \end{pmatrix}$$

となるので, 固有ベクトルは

$$c \begin{pmatrix} 1 \\ 2 \end{pmatrix} \quad (c \neq 0)$$

となりました.

姫 正解です. すばらしいですわ！ では「固有値 -5 に対する固有ベクトル」はどうなるでしょう？

浦島 はい.

$$\begin{pmatrix} -3-(-5) & 3 \\ 4 & 1-(-5) \end{pmatrix} = \begin{pmatrix} 2 & 3 \\ 4 & 6 \end{pmatrix}$$

ですから,

$$\begin{pmatrix} 2 & 3 \\ 4 & 6 \end{pmatrix} \begin{pmatrix} x \\ y \end{pmatrix} = \begin{pmatrix} 0 \\ 0 \end{pmatrix}, \qquad \begin{pmatrix} x \\ y \end{pmatrix} \neq \begin{pmatrix} 0 \\ 0 \end{pmatrix}$$

を解きますと，
$$\begin{cases} 2x + 3y = 0 \\ 4x + 6y = 0 \end{cases}$$
より
$$2x + 3y = 0,$$
すなわち
$$x = -\frac{3}{2}y$$
となるので，
$$\begin{pmatrix} x \\ y \end{pmatrix} = \begin{pmatrix} -\frac{3}{2}y \\ y \end{pmatrix} = y \begin{pmatrix} -\frac{3}{2} \\ 1 \end{pmatrix}.$$
したがって固有ベクトルは
$$c \begin{pmatrix} -\frac{3}{2} \\ 1 \end{pmatrix} \qquad (c \neq 0)$$
と求まりました．

姫　正解でございます．ただベクトルの第1成分が分数になってカッコわるい，という場合は，
$$c \begin{pmatrix} -\frac{3}{2} \\ 1 \end{pmatrix} = \frac{c}{2} \begin{pmatrix} -3 \\ 2 \end{pmatrix}$$
と変形して，スカラーの $\frac{c}{2}$ をあらためて c と書き直して
$$c \begin{pmatrix} -3 \\ 2 \end{pmatrix}$$
とすれば，スッキリいたしますよ．

●例題2の答　A の固有値は $3, -5$；固有値3に対する固有ベクトルは $c \begin{pmatrix} 1 \\ 2 \end{pmatrix}$ $(c \neq 0)$，固有値 -5 に対する固有ベクトルは $c \begin{pmatrix} -3 \\ 2 \end{pmatrix}$ $(c \neq$

0)

●固有値と固有ベクトル

浦島　固有ベクトルの計算法はなんとなく理解したような気がいたしますが，そもそも固有ベクトルというのはいったい何者なのか，どうもよく分かりません．

姫　ごもっともです．まず計算を先にやってしまいましたが，固有値と固有ベクトルについて，もう少し違う角度からご説明しましょう．

浦島　よろしくお願いいたします．

姫　行列

$$A = \begin{pmatrix} a & b \\ c & d \end{pmatrix}$$

の固有値は，固有方程式

$$\begin{vmatrix} a-x & b \\ c & d-x \end{vmatrix} = 0$$

を解いて求められます．

浦島　はい．それはワシもよくおぼえております．

姫　単位行列

$$E = \begin{pmatrix} 1 & 0 \\ 0 & 1 \end{pmatrix}$$

を用いますと，A の固有方程式は

$$|A - xE| = 0$$

と書くことができるのです．なぜなら，xE は行列 E の x 倍(スカラー倍)ですから，

$$xE = x\begin{pmatrix} 1 & 0 \\ 0 & 1 \end{pmatrix} = \begin{pmatrix} x \times 1 & x \times 0 \\ x \times 0 & x \times 1 \end{pmatrix} = \begin{pmatrix} x & 0 \\ 0 & x \end{pmatrix}$$

となりますでしょ．

116

浦島　ふんふん．

姫　これを行列 A から引きますと，

$$A - xE = \begin{pmatrix} a & b \\ c & d \end{pmatrix} - \begin{pmatrix} x & 0 \\ 0 & x \end{pmatrix}$$

$$= \begin{pmatrix} a-x & b-0 \\ c-0 & d-x \end{pmatrix}$$

$$= \begin{pmatrix} a-x & b \\ c & d-x \end{pmatrix}$$

となりますから，行列式をとって

$$|A - xE| = \begin{vmatrix} a-x & b \\ c & d-x \end{vmatrix}$$

でしょ？

浦島　ははあ，なるほど．

姫　ですから A の固有方程式は

$$|A - xE| = 0$$

と書けるのです．

浦島　ずいぶんスッキリして，気持ちいいですなあ．

姫　固有値は固有方程式の解のことですから，λ が A の固有値ならば，

$$|A - \lambda E| = 0$$

が成り立ちます．

浦島　なるほど．

姫　λ が A の固有値のとき，固有値 λ に対する A の固有ベクトルとは何だったかというと，

$$\begin{pmatrix} a-\lambda & b \\ c & d-\lambda \end{pmatrix} \begin{pmatrix} x \\ y \end{pmatrix} = \begin{pmatrix} 0 \\ 0 \end{pmatrix}, \qquad \begin{pmatrix} x \\ y \end{pmatrix} \neq \begin{pmatrix} 0 \\ 0 \end{pmatrix}$$

を満たすベクトル $\begin{pmatrix} x \\ y \end{pmatrix}$ のことでした．

浦島　これもよくおぼえております．

姫　ここで

$$\begin{pmatrix} a-\lambda & b \\ c & d-\lambda \end{pmatrix} = \begin{pmatrix} a & b \\ c & d \end{pmatrix} - \begin{pmatrix} \lambda & 0 \\ 0 & \lambda \end{pmatrix}$$
$$= A - \lambda E$$

ですので，「固有値 λ に対する A の固有ベクトル」とは

$$(A - \lambda E)\boldsymbol{x} = \boldsymbol{0}, \qquad \boldsymbol{x} \neq \boldsymbol{0}$$

を満たすベクトル $\boldsymbol{x}$ のことだ，と言いかえることができます．

浦島 えーと，$\begin{pmatrix} x \\ y \end{pmatrix}$ を $\boldsymbol{x}$ と書いたわけですな？

姫 その通りです．行列とベクトルの積については，以前いくつかの演算法則をご紹介しましたが，$(A - \lambda E)\boldsymbol{x}$ は

$$(A - \lambda E)\boldsymbol{x} = A\boldsymbol{x} - (\lambda E)\boldsymbol{x}$$

と変形でき，さらに

$$(\lambda E)\boldsymbol{x} = \begin{pmatrix} \lambda & 0 \\ 0 & \lambda \end{pmatrix} \begin{pmatrix} x \\ y \end{pmatrix} = \begin{pmatrix} \lambda x \\ \lambda y \end{pmatrix} = \lambda \begin{pmatrix} x \\ y \end{pmatrix} = \lambda \boldsymbol{x}$$

となることから，

$$(A - \lambda E)\boldsymbol{x} = A\boldsymbol{x} - \lambda \boldsymbol{x}$$

であることがわかります．

浦島 だんだんややこしくなってきましたな．

姫 固有ベクトルの条件

$$(A - \lambda E)\boldsymbol{x} = \boldsymbol{0}$$

は，

$$A\boldsymbol{x} = \lambda \boldsymbol{x}$$

という条件で置き換えることができます．「固有値 λ に対する A の固有ベクトル」とは，

$$A\boldsymbol{x} = \lambda \boldsymbol{x}, \qquad \boldsymbol{x} \neq \boldsymbol{0}$$

を満たすベクトル $\boldsymbol{x}$ のことだ，ということができます．

浦島 いやあ，計算していた時とずいぶん印象がちがって見えますぞ．

姫　　$A\boldsymbol{x}$ も $\lambda\boldsymbol{x}$ もどちらもベクトルです．ただし $A\boldsymbol{x}$ は行列 A とベクトル $\boldsymbol{x}$ の積であり，$\lambda\boldsymbol{x}$ はベクトル $\boldsymbol{x}$ の λ 倍（スカラー倍）というベクトルです．

浦島　ややこしい！　なんだか頭が混乱してきました．

●固有ベクトルの存在

姫　　さてここで，λ が行列
$$A = \begin{pmatrix} a & b \\ c & d \end{pmatrix}$$
の固有値のとき，「固有値 λ に対する A の固有ベクトル」が必ず存在することを確かめておきましょう．

一般に，次のことが成り立ちます．

B を 2 次の正方行列とする．
$$|B| = 0$$
が成り立つとき，
$$B\boldsymbol{x} = \boldsymbol{0}, \qquad \boldsymbol{x} \neq \boldsymbol{0}$$
を満たすベクトル $\boldsymbol{x}$ が少なくとも 1 つ存在する．

姫　　なぜかと言いますと，
$$B = \begin{pmatrix} p & q \\ r & s \end{pmatrix}$$
とするとき
$$|B| = ps - qr = 0$$
ですから，
$$B \begin{pmatrix} -q \\ p \end{pmatrix} = \begin{pmatrix} p & q \\ r & s \end{pmatrix} \begin{pmatrix} -q \\ p \end{pmatrix}$$
$$= \begin{pmatrix} p(-q) + qp \\ r(-q) + sp \end{pmatrix}$$

$$= \begin{pmatrix} -pq + pq \\ ps - qr \end{pmatrix}$$

$$= \begin{pmatrix} 0 \\ 0 \end{pmatrix},$$

$$B \begin{pmatrix} s \\ -r \end{pmatrix} = \begin{pmatrix} p & q \\ r & s \end{pmatrix} \begin{pmatrix} s \\ -r \end{pmatrix}$$

$$= \begin{pmatrix} ps - qr \\ rs - sr \end{pmatrix}$$

$$= \begin{pmatrix} 0 \\ 0 \end{pmatrix}$$

となるでしょう？

浦島 ふんふん．

姫 すなわち，

$$B \begin{pmatrix} -q \\ p \end{pmatrix} = \mathbf{0}, \qquad B \begin{pmatrix} s \\ -r \end{pmatrix} = \mathbf{0}$$

ですから，もし

$$\begin{pmatrix} -q \\ p \end{pmatrix} \neq \begin{pmatrix} 0 \\ 0 \end{pmatrix}$$

ならば

$$\boldsymbol{x} = \begin{pmatrix} -q \\ p \end{pmatrix}$$

とすればいいのです．

浦島 えーと，

$$B\boldsymbol{x} = \mathbf{0}, \qquad \boldsymbol{x} \neq \mathbf{0}$$

だから，そうですなあ．

姫 もし

$$\begin{pmatrix} s \\ -r \end{pmatrix} \neq \begin{pmatrix} 0 \\ 0 \end{pmatrix}$$

ならば

$$\boldsymbol{x} = \begin{pmatrix} s \\ -r \end{pmatrix}$$

とすればいいのです．

浦島 なるほど．

姫 もし

$$\begin{pmatrix} -q \\ p \end{pmatrix} = \begin{pmatrix} 0 \\ 0 \end{pmatrix}, \qquad \begin{pmatrix} s \\ -r \end{pmatrix} = \begin{pmatrix} 0 \\ 0 \end{pmatrix}$$

のときは

$$-q = 0, \quad p = 0, \quad s = 0, \quad -r = 0$$

ですから

$$B = \begin{pmatrix} p & q \\ r & s \end{pmatrix} = \begin{pmatrix} 0 & 0 \\ 0 & 0 \end{pmatrix}$$

となるので，たとえば

$$\boldsymbol{x} = \begin{pmatrix} 1 \\ 1 \end{pmatrix}$$

とすれば

$$B\boldsymbol{x} = \boldsymbol{0}, \qquad \boldsymbol{x} \neq \boldsymbol{0}$$

となります．

浦島 どの場合でも

$$B\boldsymbol{x} = \boldsymbol{0}, \qquad \boldsymbol{x} \neq \boldsymbol{0}$$

を満たすベクトル $\boldsymbol{x}$ が存在することになりますな．

姫 さて，行列 A の固有方程式は

$$|A - xE| = 0$$

ですから，λ が A の固有値のとき

$$|A - \lambda E| = 0$$

ですよね．

浦島 はい．

姫 　行列 $A - \lambda E$ をさっきの行列 B と考えて下さい．
$$|A - \lambda E| = 0$$
ですから，
$$(A - \lambda E)\boldsymbol{x} = \boldsymbol{0}, \qquad \boldsymbol{x} \neq \boldsymbol{0}$$
を満たすベクトル $\boldsymbol{x}$ が少なくとも 1 つ存在します．

浦島 　その $\boldsymbol{x}$ が「固有値 λ に対する A の固有ベクトル」そのものですな．

姫 　その通り！　ですから，λ が A の固有値のとき，「固有値 λ に対する固有ベクトル」は必ず存在することが確かめられました．

浦島 　なるほど．

姫 　宿題をお出ししておきましょう．

●宿題 8

行列の固有値と固有ベクトルを求めよ．

(1) (順子) $= \begin{pmatrix} 1 & 1 \\ 0 & 1 \end{pmatrix}$ 　　(2) $\begin{pmatrix} 1 & 2 \\ 2 & 4 \end{pmatrix}$ 　　(3) $\begin{pmatrix} 0 & 5 \\ 2 & 3 \end{pmatrix}$

● 第九話

行列の対角化

●宿題 8 の答　(1)　固有値は 1 (重解)；固有値 1 に対する固有ベクトルは $c\begin{pmatrix}1\\0\end{pmatrix}$ $(c \neq 0)$. (2)　固有値は 0, 5；固有値 0 に対する固有ベクトルは $c\begin{pmatrix}-2\\1\end{pmatrix}$ $(c \neq 0)$, 固有値 5 に対する固有ベクトルは $c\begin{pmatrix}1\\2\end{pmatrix}$ $(c \neq 0)$. (3)　固有値は 5, -2；固有値 5 に対する固有ベクトルは $c\begin{pmatrix}1\\1\end{pmatrix}$ $(c \neq 0)$, 固有値 -2 に対する固有ベクトルは $c\begin{pmatrix}-5\\2\end{pmatrix}$ $(c \neq 0)$.

浦島　天気予報では今晩は台風並みの雨と風だそうですぞ．嵐ですな．
姫　　あら知ってた？　気をつけましょう．
浦島　桃子のあいじょうは本当に求められるのでしょうか？　心配になってきました．

姫　気弱になってはいけません．もう少しですからね．気合いを入れていきましょう！

● 対角行列

姫　正方行列の**対角成分**とは，行番号と列番号が同じ成分のことをいいます．たとえば
$$A = \begin{pmatrix} a & b \\ c & d \end{pmatrix}$$
でしたら，
$$a = A \text{ の } (1,\ 1) \text{ 成分}$$
$$b = A \text{ の } (1,\ 2) \text{ 成分}$$
$$c = A \text{ の } (2,\ 1) \text{ 成分}$$
$$d = A \text{ の } (2,\ 2) \text{ 成分}$$
の中で行番号と列番号が同じ成分は，$(1,\ 1)$ 成分の a と，$(2,\ 2)$ 成分の d ですから，行列 A の対角成分は a と d になります．

浦島　行列の左上と右下を結んだ対角線の上にある成分，といった感じでしょうか．

姫　その通りです．

対角成分**以外**の成分がすべて 0 である正方行列を，**対角行列**といいます．

浦島　また新しい言葉が登場しました．アタマがいたいですなあ．

姫　対角行列は直観的にとらえやすいのでご心配には及びません．

2 次の正方行列の場合ですと，
$$A = \begin{pmatrix} a & b \\ c & d \end{pmatrix}$$
が対角行列になるのは
$$b = c = 0$$
のとき，すなわち

$$A = \begin{pmatrix} a & 0 \\ 0 & d \end{pmatrix}$$

という形になるときです．ここで対角成分の a と d は 0 であってもなくてもどちらでもかまいません．

●対角行列の固有値

姫　対角行列の固有値について，次のことが成り立ちます．

　対角行列の固有値は，その対角成分に一致する．

姫　対角行列

$$A = \begin{pmatrix} a & 0 \\ 0 & d \end{pmatrix}$$

の固有方程式は

$$|A - xE| = \begin{vmatrix} a-x & 0 \\ 0 & d-x \end{vmatrix}$$
$$= (a-x)(d-x)$$
$$= (x-a)(x-d)$$
$$= 0$$

ですから，その解である A の固有値は

$$a, \quad d$$

となって A の対角成分と一致します．

●正則行列による対角化

姫　A，P をともに 2 次の正方行列とし，P は正則であるとします．
浦島　正則行列って何でしたっけ？
姫　逆行列をもつ行列です．
浦島　そうだそうだ．思い出しました．

$$|P| \neq 0$$

ということですな．

姫 はい．次のことが成り立ちます．

A と $P^{-1}AP$ の固有方程式は一致する．したがって固有値も一致する．

浦島 うわあ難しそう！ $P^{-1}AP$ ですか！ 目が回りそうです．

姫 でもなんとなくカッコいいでしょ？

まず3つの行列

$$P^{-1}, \quad A - xE, \quad P$$

の積を作ると（E は単位行列），「分配法則」などを用いて，

$$\begin{aligned} P^{-1}(A - xE)P &= (P^{-1}A - P^{-1}(xE))P \\ &= (P^{-1}A - x(P^{-1}E))P \\ &= (P^{-1}A - xP^{-1})P \\ &= P^{-1}AP - xP^{-1}P \\ &= P^{-1}AP - xE \end{aligned}$$

となります．両辺の行列式をとると，「積の行列式は行列式の積」でしたから，

$$|P^{-1}||A - xE||P| = |P^{-1}AP - xE|$$

となりますでしょ？

浦島 なるほど．

姫 したがって，

$$\begin{aligned} |P^{-1}AP - xE| &= |P^{-1}||A - xE||P| \\ &= |A - xE||P^{-1}||P| \\ &= |A - xE||P^{-1}P| \\ &= |A - xE||E| \\ &= |A - xE| \times 1 \\ &= |A - xE|, \end{aligned}$$

すなわち

$$|P^{-1}AP - xE| = |A - xE|$$

が成り立ちます．ですから，行列

$$P^{-1}AP$$

の固有方程式は行列 A の固有方程式

$$|A - xE| = 0$$

とまったく同じものになり，$P^{-1}AP$ の固有値と A の固有値は一致するのです．

浦島　いやあ難しい！　頭がクラクラしてきました．

姫　今，行列 A を固定して，正則行列 P を動かしてみましょう．適当な P をとると

$$P^{-1}AP$$

が対角行列になるとき，A は(正則行列によって)**対角化可能**であるといいます．そのときの P を**変換行列**といいます．

浦島　抽象的でよくわかりませんな．実例を示していただけませんか．

姫　ごもっともです．ちょっと急ぎすぎてしまったかしら．たとえば，行列

$$A = \begin{pmatrix} 1 & 1 \\ 1 & 1 \end{pmatrix}$$

は対角化可能です．なぜなら，

$$P = \begin{pmatrix} 1 & 1 \\ -1 & 1 \end{pmatrix}$$

とすると，

$$|P| = 1 \times 1 - 1 \times (-1) = 2 \neq 0$$

より P は正則で，逆行列の公式から

$$P^{-1} = \frac{1}{2}\begin{pmatrix} 1 & -1 \\ 1 & 1 \end{pmatrix}$$

となります．$P^{-1}AP$ を計算すると

$$P^{-1}AP = \frac{1}{2}\begin{pmatrix} 1 & -1 \\ 1 & 1 \end{pmatrix}\begin{pmatrix} 1 & 1 \\ 1 & 1 \end{pmatrix}\begin{pmatrix} 1 & 1 \\ -1 & 1 \end{pmatrix}$$

$$= \frac{1}{2}\begin{pmatrix} 0 & 0 \\ 2 & 2 \end{pmatrix}\begin{pmatrix} 1 & 1 \\ -1 & 1 \end{pmatrix}$$

$$= \frac{1}{2}\begin{pmatrix} 0 & 0 \\ 0 & 4 \end{pmatrix}$$

$$= \begin{pmatrix} 0 & 0 \\ 0 & 2 \end{pmatrix}$$

となって対角行列になります.

浦島 なるほど. しかし行列 P はどうやって出てきたのですか?

姫 それはもう少しあとでタネ明かししましょう. 行列

$$A = \begin{pmatrix} 1 & 1 \\ 1 & 1 \end{pmatrix}$$

は対角化可能だということがわかりました. 一方, 行列

$$(順子) = \begin{pmatrix} 1 & 1 \\ 0 & 1 \end{pmatrix}$$

は対角化可能ではありません.

浦島 順子は対角化できない. そりゃまたどうして?

姫 P が正則行列のとき, 先ほどお話ししたように, 行列

$$P^{-1}\,(順子)\,P$$

の固有値と (順子) の固有値(重解で 1 のみ)は一致します. 対角行列の固有値はその対角成分に一致しますから, もし

$$P^{-1}\,(順子)\,P$$

が対角行列になったとすると

$$P^{-1}\,(順子)\,P = \begin{pmatrix} 1 & 0 \\ 0 & 1 \end{pmatrix} = E$$

となるはずです. 左から P, 右から P^{-1} をかけると

$$(順子) = PEP^{-1} = PP^{-1} = E$$

となってしまいますから, これは不可能ですよね. ですから (順子)

は対角化できません

浦島　対角化できる場合とできない場合とがあることはわかりました．

姫　行列 A が対角化可能で

$$P^{-1}AP$$

が対角行列になるとき，その対角成分には A の固有値が並びます．

●変換行列の作り方

姫　2 次の正方行列 A の 2 つの固有値が異なるとき（固有方程式が重解をもたないとき），A は対角化可能で，「固有ベクトル」を使って（1 つの）変換行列を作ることができます．

　λ_1，λ_2 を，2 次の正方行列 A の固有値（ただし $\lambda_1 \neq \lambda_2$）とする．固有値 λ_1 に対する A の固有ベクトルの 1 つを $\boldsymbol{p}_1$，固有値 λ_2 に対する A の固有ベクトルの 1 つを $\boldsymbol{p}_2$ とし，$\boldsymbol{p}_1$ と $\boldsymbol{p}_2$ を順に横に並べてできる 2 次の正方行列を P とすれば，P は正則で，

$$P^{-1}AP = \begin{pmatrix} \lambda_1 & 0 \\ 0 & \lambda_2 \end{pmatrix}$$

が成り立つ．

姫　ちなみに λ はギリシャ文字で，「ラムダ」と読みます．

浦島　いや長いですなあ．ラムダよりラムネが欲しくなってきました．

姫　文章にすると長いのですが，要するに固有ベクトルを並べて変換行列を作れ，と言っているのです．

　　まず，この主張が正しいことを確かめておきましょう．

　　行列 P の第 1 列が $\boldsymbol{p}_1$，第 2 列が $\boldsymbol{p}_2$ ですから，A と P の積 AP の第 1 列が $A\boldsymbol{p}_1$ というベクトル，第 2 列が $A\boldsymbol{p}_2$ というベクトルになります．

浦島　行列と行列の積の定義，それと行列とベクトルの積の定義から，そうなるわけですな．

姫　その通りです．
$$AP \text{ の第 1 列} = A\boldsymbol{p}_1$$
$$AP \text{ の第 2 列} = A\boldsymbol{p}_2$$
となります．ところが「固有ベクトル」のところでお話ししたように，
$$A\boldsymbol{p}_1 = \lambda_1 \boldsymbol{p}_1, \qquad A\boldsymbol{p}_2 = \lambda_2 \boldsymbol{p}_2$$
なので，
$$AP \text{ の第 1 列} = \lambda_1 \boldsymbol{p}_1$$
$$AP \text{ の第 2 列} = \lambda_2 \boldsymbol{p}_2$$
となります．

浦島　えーと，$\lambda_1 \boldsymbol{p}_1$ というのは？

姫　ベクトル $\boldsymbol{p}_1$ に λ_1 というスカラーをかけたベクトルです．一方で
$$P \begin{pmatrix} \lambda_1 & 0 \\ 0 & \lambda_2 \end{pmatrix}$$
という行列を考えますと，この行列の第 1 列は $\lambda_1 \boldsymbol{p}_1$，この行列の第 2 列は $\lambda_2 \boldsymbol{p}_2$ となりますから，
$$AP = P \begin{pmatrix} \lambda_1 & 0 \\ 0 & \lambda_2 \end{pmatrix} \qquad \cdots (1)$$
であることがわかります．

浦島　両辺とも 2 次の正方行列で，第 1 列どうし，第 2 列どうしが等しいから，ということですな．

姫　その通りです．つぎに，$\boldsymbol{x}$ がベクトルのとき，
$$P\boldsymbol{x} = \boldsymbol{0} \quad \text{ならば} \quad \boldsymbol{x} = \boldsymbol{0}$$
であることを示します．ここはちょっとややこしいですよ．ベクトル $\boldsymbol{x}$ の成分を c_1, c_2 として
$$\boldsymbol{x} = \begin{pmatrix} c_1 \\ c_2 \end{pmatrix}$$
としますと，P の作り方(第 1 列が $\boldsymbol{p}_1$，第 2 列が $\boldsymbol{p}_2$)から

$$P\boldsymbol{x} = P\begin{pmatrix}c_1\\c_2\end{pmatrix} = c_1\boldsymbol{p}_1 + c_2\boldsymbol{p}_2$$

となります.

浦島 えーと, 行列とベクトルの積なので, あれ? よくわかりませんなあ.

姫 ちょっと急ぎすぎたかしら. $\boldsymbol{p}_1$, $\boldsymbol{p}_2$ を

$$\boldsymbol{p}_1 = \begin{pmatrix}k\\l\end{pmatrix}, \qquad \boldsymbol{p}_2 = \begin{pmatrix}m\\n\end{pmatrix}$$

とすると,

$$P = \begin{pmatrix}k & m\\l & n\end{pmatrix}$$

となりますでしょ. そうすると,

$$\begin{aligned}P\begin{pmatrix}c_1\\c_2\end{pmatrix} &= \begin{pmatrix}k & m\\l & n\end{pmatrix}\begin{pmatrix}c_1\\c_2\end{pmatrix}\\ &= \begin{pmatrix}kc_1 + mc_2\\lc_1 + nc_2\end{pmatrix}\\ &= \begin{pmatrix}kc_1\\lc_1\end{pmatrix} + \begin{pmatrix}mc_2\\nc_2\end{pmatrix}\\ &= \begin{pmatrix}c_1 k\\c_1 l\end{pmatrix} + \begin{pmatrix}c_2 m\\c_2 n\end{pmatrix}\\ &= c_1\begin{pmatrix}k\\l\end{pmatrix} + c_2\begin{pmatrix}m\\n\end{pmatrix}\\ &= c_1\boldsymbol{p}_1 + c_2\boldsymbol{p}_2\end{aligned}$$

となるわけです.

浦島 なるほど. よくわかりました.

姫 そこで今

$$P\boldsymbol{x} = \boldsymbol{0}$$

としますと,

$$c_1\boldsymbol{p}_1 + c_2\boldsymbol{p}_2 = \boldsymbol{0} \qquad \cdots (2)$$

が成り立ちます. このベクトルの左から行列 A をかけて,

$$A(c_1\boldsymbol{p}_1 + c_2\boldsymbol{p}_2) = A\boldsymbol{0} = \boldsymbol{0}$$

ですが，分配法則などを使って左辺を変形すると
$$c_1(A\boldsymbol{p}_1) + c_2(A\boldsymbol{p}_2) = \boldsymbol{0}$$
となります．ここで
$$A\boldsymbol{p}_1 = \lambda_1 \boldsymbol{p}_1, \qquad A\boldsymbol{p}_2 = \lambda_2 \boldsymbol{p}_2$$
を用いて，
$$c_1 \lambda_1 \boldsymbol{p}_1 + c_2 \lambda_2 \boldsymbol{p}_2 = \boldsymbol{0}. \qquad \cdots (3)$$

浦島 固有ベクトルの性質を使って変形したわけですな．

姫 はい．一方，(2) の式の両辺にスカラー λ_2 をかけると，
$$\lambda_2(c_1 \boldsymbol{p}_1 + c_2 \boldsymbol{p}_2) = \lambda_2 \boldsymbol{0} = \boldsymbol{0}.$$
左辺を変形して，
$$c_1 \lambda_2 \boldsymbol{p}_1 + c_2 \lambda_2 \boldsymbol{p}_2 = \boldsymbol{0} \qquad \cdots (4)$$
となりますから，(3) から (4) を引きます．

浦島 えーと，(3) と (4) の式では，左辺の第 2 項が同じなので，引き算すると消えるわけか…

姫 そうなのです．
$$c_1 \lambda_1 \boldsymbol{p}_1 - c_1 \lambda_2 \boldsymbol{p}_1 = \boldsymbol{0}$$
となるので，
$$c_1(\lambda_1 - \lambda_2)\boldsymbol{p}_1 = \boldsymbol{0} \qquad \cdots (5)$$
という式が得られました．λ_1 と λ_2 は異なるので
$$\lambda_1 - \lambda_2 \neq 0$$
です．$\boldsymbol{p}_1$ は固有ベクトルですから，固有ベクトルの定義上
$$\boldsymbol{p}_1 \neq \boldsymbol{0}.$$
すなわち，$\boldsymbol{p}_1$ の成分のうち少なくとも 1 つは 0 ではありません．したがって，もし $c_1 \neq 0$ とすると (5) は成り立たないのです．

浦島 0 でない数を 3 つかけて 0 になることはない！

姫　その通りです．したがって
$$c_1 = 0$$
となります．これを (2) 式に代入して
$$c_2 \boldsymbol{p}_2 = \boldsymbol{0}.$$
$\boldsymbol{p}_2$ も固有ベクトルですから
$$\boldsymbol{p}_2 \neq \boldsymbol{0}.$$
ベクトル $\boldsymbol{p}_2$ の成分のうち少なくとも 1 つは 0 ではありません．したがって
$$c_2 = 0$$
となります．
$$c_1 = 0, \quad c_2 = 0$$
となることがわかりましたので
$$\boldsymbol{x} = \begin{pmatrix} c_1 \\ c_2 \end{pmatrix} = \begin{pmatrix} 0 \\ 0 \end{pmatrix} = \boldsymbol{0}.$$
したがって，
$$P\boldsymbol{x} = \boldsymbol{0} \quad \text{ならば} \quad \boldsymbol{x} = \boldsymbol{0}$$
ということが確かめられました．

浦島　うわあ，長いですなあ！　なんとかついて来られたのは「桃子のあいじょうを求める」という目標のおかげです，きっと．

姫　そこで行列 P の行列式 $|P|$ に注目します．この行列式の値は 0 であるか 0 でないかのどちらかです．もし
$$|P| = 0$$
だとしますと，「固有ベクトルの存在」のところで示したように，
$$P\boldsymbol{x} = \boldsymbol{0}, \quad \boldsymbol{x} \neq \boldsymbol{0}$$
を満たすベクトル $\boldsymbol{x}$ が少なくとも 1 つ存在することになりますから，今確かめた

$$P\bm{x} = \bm{0} \quad \text{ならば} \quad \bm{x} = \bm{0}$$

ということに矛盾してしまいます．ですから

$$|P| = 0$$

ということはありえないので，

$$|P| \neq 0$$

となります．

浦島 それで P が正則だとわかるわけですな．

姫 その通りです．そこで (1) 式，というのは

$$AP = P \begin{pmatrix} \lambda_1 & 0 \\ 0 & \lambda_2 \end{pmatrix}$$

という式でしたが，この左から P の逆行列 P^{-1} をかけて，

$$\begin{aligned} P^{-1}AP &= P^{-1}P \begin{pmatrix} \lambda_1 & 0 \\ 0 & \lambda_2 \end{pmatrix} \\ &= E \begin{pmatrix} \lambda_1 & 0 \\ 0 & \lambda_2 \end{pmatrix} \\ &= \begin{pmatrix} \lambda_1 & 0 \\ 0 & \lambda_2 \end{pmatrix}, \end{aligned}$$

すなわち

$$P^{-1}AP = \begin{pmatrix} \lambda_1 & 0 \\ 0 & \lambda_2 \end{pmatrix}$$

となって，A は P によって対角化されました．

浦島 これで「証明終わり (QED)」ですか！ いやあ，長いですなあ．

姫 変換行列の求め方，おわかりいただけましたでしょうか．

浦島 変換行列 P はただ 1 通りに決まるのですか？

姫 いいえ．昨日お話ししたように，1 つの固有値に対して固有ベクトルは無数にたくさんありますから，P の取り方も無数にたくさんあるのです．対角化の問題では，変換行列の中のどれか 1 つを求めればよいのです．

●例題1　行列
$$A = \begin{pmatrix} 5 & 2 \\ -1 & 2 \end{pmatrix}$$
を正則行列で対角化せよ．1つの変換行列とその逆行列も求めよ．

姫　問題の意味がわかりにくいかもしれませんね．

浦島　おっしゃる通りです．何をすればよいのかがわかりません．

姫　この問題の意味は，
$$P^{-1}AP$$
が対角行列になるような(1つの)正則行列 P とその逆行列 P^{-1} を求め，そのときの対角行列 $(= P^{-1}AP)$ も求めよ，ということなのですよ．

浦島　ウーン，難しいですなあ．まず何をすればよいのやら…

姫　先ほどお話ししましたが，
$$P^{-1}AP$$
が対角行列になるとき，その対角成分には A の固有値が並びます．

浦島　それではまず A の固有値を求めましょうか．固有方程式は
$$\begin{aligned}
|A - xE| &= \begin{vmatrix} 5-x & 2 \\ -1 & 2-x \end{vmatrix} \\
&= (5-x)(2-x) - 2 \times (-1) \\
&= (x-5)(x-2) + 2 \\
&= x^2 - 7x + 10 + 2 \\
&= x^2 - 7x + 12 \\
&= (x-3)(x-4) \\
&= 0
\end{aligned}$$
ですから，これを解いて

$$x = 3, 4.$$

A の固有値は 3 と 4 になります．

姫 さすが浦島さま．はやいですね！

浦島 浦島かボルトかというくらいでしょう？

姫 固有ベクトルを求めましょう．

浦島 固有ベクトルは各固有値に対して定まるので，いやあ，めんどくさいですなあ．

姫 まあそうおっしゃらずに．固有ベクトルは「全部」を求める必要はありません．各固有値に対して1つずつで十分ですのよ．

浦島 えーと，固有値 3 に対する固有ベクトルは，

$$\begin{pmatrix} 5-3 & 2 \\ -1 & 2-3 \end{pmatrix} = \begin{pmatrix} 2 & 2 \\ -1 & -1 \end{pmatrix}$$

ですから

$$\begin{pmatrix} 2 & 2 \\ -1 & -1 \end{pmatrix} \begin{pmatrix} x \\ y \end{pmatrix} = \begin{pmatrix} 0 \\ 0 \end{pmatrix}, \qquad \begin{pmatrix} x \\ y \end{pmatrix} \neq \begin{pmatrix} 0 \\ 0 \end{pmatrix}$$

を満たすベクトル

$$\begin{pmatrix} x \\ y \end{pmatrix}$$

のことなので，

$$\begin{cases} 2x + 2y = 0 \\ -x - y = 0 \end{cases}$$

を解いて・・・

姫 1つだけ見つければよいのです．

浦島 そうですか．要するに

$$x + y = 0$$

ということですから，たとえば

$$\begin{pmatrix} -1 \\ 1 \end{pmatrix}$$

が1つの固有ベクトルです．

姫　固有値 4 に対してはどうでしょう？

浦島　固有値 4 に対する固有ベクトルは，
$$\begin{pmatrix} 5-4 & 2 \\ -1 & 2-4 \end{pmatrix} = \begin{pmatrix} 1 & 2 \\ -1 & -2 \end{pmatrix}$$
ですから
$$\begin{pmatrix} 1 & 2 \\ -1 & -2 \end{pmatrix} \begin{pmatrix} x \\ y \end{pmatrix} = \begin{pmatrix} x+2y \\ -x-2y \end{pmatrix} = \begin{pmatrix} 0 \\ 0 \end{pmatrix}$$
を解いて
$$x + 2y = 0$$
なので，たとえば
$$\begin{pmatrix} -2 \\ 1 \end{pmatrix}$$
が 1 つの固有ベクトルです．

姫　固有ベクトルを横に並べて行列 P を作りましょう．

浦島　そうしますと
$$\begin{pmatrix} -1 \\ 1 \end{pmatrix}, \quad \begin{pmatrix} -2 \\ 1 \end{pmatrix}$$
を並べて，
$$P = \begin{pmatrix} -1 & -2 \\ 1 & 1 \end{pmatrix}$$
とするわけですか？

姫　その通りです．つぎは P の逆行列 P^{-1} を計算して下さい．

浦島　逆行列の計算はずいぶん前にやりましたが，公式がちょっとウロおぼえで…

姫　逆行列の公式は，
$$\begin{pmatrix} a & b \\ c & d \end{pmatrix}^{-1} = \frac{1}{ad-bc} \begin{pmatrix} d & -b \\ -c & a \end{pmatrix}$$
ですのよ．

浦島 ありがとうございます．

$$|P| = (-1) \times 1 - (-2) \times 1$$
$$= -1 + 2$$
$$= 1$$

ですから，

$$P^{-1} = \frac{1}{1}\begin{pmatrix} 1 & 2 \\ -1 & -1 \end{pmatrix} = \begin{pmatrix} 1 & 2 \\ -1 & -1 \end{pmatrix}$$

となります．

姫 検算も兼ねて，行列の積

$$P^{-1}AP$$

を計算してみましょう．

浦島 わかりました．

$$P^{-1}AP = \begin{pmatrix} 1 & 2 \\ -1 & -1 \end{pmatrix}\begin{pmatrix} 5 & 2 \\ -1 & 2 \end{pmatrix}\begin{pmatrix} -1 & -2 \\ 1 & 1 \end{pmatrix}$$
$$= \begin{pmatrix} 3 & 6 \\ -4 & -4 \end{pmatrix}\begin{pmatrix} -1 & -2 \\ 1 & 1 \end{pmatrix}$$
$$= \begin{pmatrix} 3 & 0 \\ 0 & 4 \end{pmatrix}$$

となって，ははあ，対角行列になりましたなあ．

姫 正解です．ただし，変換行列 P の取り方は 1 通りではありません．

●例題 1 の答　$P = \begin{pmatrix} -1 & -2 \\ 1 & 1 \end{pmatrix}$ とすれば，$P^{-1} = \begin{pmatrix} 1 & 2 \\ -1 & -1 \end{pmatrix}$，$P^{-1}AP = \begin{pmatrix} 3 & 0 \\ 0 & 4 \end{pmatrix}$ となる．

姫 もう 1 題，練習問題をやってみましょう．

●例題 2　行列
$$A = \begin{pmatrix} -1 & 2 \\ 3 & 0 \end{pmatrix}$$
を正則行列で対角化せよ．1 つの変換行列とその逆行列も求めよ．

姫　いかがでございます，浦島さま？

浦島　先ほどの例題と同じようにやればできそうなので，挑戦してみましょう．まず A の固有値を求めますと，
$$\begin{aligned}
|A - xE| &= \begin{vmatrix} -1-x & 2 \\ 3 & 0-x \end{vmatrix} \\
&= (-1-x)(-x) - 2 \times 3 \\
&= x(x+1) - 6 \\
&= x^2 + x - 6 \\
&= (x-2)(x+3) \\
&= 0
\end{aligned}$$
を解いて
$$x = 2, -3.$$
A の固有値は 2 と -3 でございます．

姫　固有値の計算，相かわらずはやいですね．

浦島　浦島かボルトかというくらいでしょう？　固有値 2 に対する固有ベクトルは，
$$\begin{aligned}
\begin{pmatrix} -1-2 & 2 \\ 3 & 0-2 \end{pmatrix} \begin{pmatrix} x \\ y \end{pmatrix} &= \begin{pmatrix} -3 & 2 \\ 3 & -2 \end{pmatrix} \begin{pmatrix} x \\ y \end{pmatrix} \\
&= \begin{pmatrix} -3x + 2y \\ 3x - 2y \end{pmatrix} \\
&= \begin{pmatrix} 0 \\ 0 \end{pmatrix}
\end{aligned}$$
より，たとえば

$$\begin{pmatrix} x \\ y \end{pmatrix} = \begin{pmatrix} 2 \\ 3 \end{pmatrix}$$

が取れます．

姫 なるほど．

浦島 固有値 -3 に対する固有ベクトルは，
$$\begin{pmatrix} -1-(-3) & 2 \\ 3 & 0-(-3) \end{pmatrix} \begin{pmatrix} x \\ y \end{pmatrix} = \begin{pmatrix} 2 & 2 \\ 3 & 3 \end{pmatrix} \begin{pmatrix} x \\ y \end{pmatrix}$$
$$= \begin{pmatrix} 2x+2y \\ 3x+3y \end{pmatrix}$$
$$= \begin{pmatrix} 0 \\ 0 \end{pmatrix}$$

より，たとえば
$$\begin{pmatrix} x \\ y \end{pmatrix} = \begin{pmatrix} -1 \\ 1 \end{pmatrix}$$

が取れます．

姫 いいですよ．好調です．

浦島 2つの固有ベクトルを横に並べて，
$$P = \begin{pmatrix} 2 & -1 \\ 3 & 1 \end{pmatrix}$$

とおきますと，
$$|P| = 2 \times 1 - (-1) \times 3 = 5$$

ですから
$$P^{-1} = \frac{1}{5} \begin{pmatrix} 1 & 1 \\ -3 & 2 \end{pmatrix}$$

となり
$$P^{-1}AP = \frac{1}{5} \begin{pmatrix} 1 & 1 \\ -3 & 2 \end{pmatrix} \begin{pmatrix} -1 & 2 \\ 3 & 0 \end{pmatrix} \begin{pmatrix} 2 & -1 \\ 3 & 1 \end{pmatrix}$$
$$= \frac{1}{5} \begin{pmatrix} 2 & 2 \\ 9 & -6 \end{pmatrix} \begin{pmatrix} 2 & -1 \\ 3 & 1 \end{pmatrix}$$
$$= \frac{1}{5} \begin{pmatrix} 10 & 0 \\ 0 & -15 \end{pmatrix}$$

$$= \begin{pmatrix} 2 & 0 \\ 0 & -3 \end{pmatrix}$$

と対角化されました.

姫 すばらしい！ 大正解です.

●例題 2 の答　$P = \begin{pmatrix} 2 & -1 \\ 3 & 1 \end{pmatrix}$ とすれば，$P^{-1} = \dfrac{1}{5}\begin{pmatrix} 1 & 1 \\ -3 & 2 \end{pmatrix}$,

$P^{-1}AP = \begin{pmatrix} 2 & 0 \\ 0 & -3 \end{pmatrix}$ となる.

姫 前にも申しましたが変換行列 P の取り方は 1 通りではありません. 求めた P と P^{-1} が正解かどうかを調べるには，まず行列の積 $P^{-1}P$（または PP^{-1}）を計算して単位行列 E になることを確かめ，さらに 3 つの行列の積

$$P^{-1}AP$$

を実際に計算して対角行列になることを確かめる，という方法をおすすめします.

宿題をお出ししておきましょう.

●宿題 9

次の行列を正則行列で対角化せよ．1 つの変換行列とその逆行列も求めよ．

(1)　(浦島) $= \begin{pmatrix} 0 & 1 \\ 1 & 0 \end{pmatrix}$　　(2)　(舞) $= \begin{pmatrix} 0 & 4 \\ 0 & 6 \end{pmatrix}$

(3)　$A = \begin{pmatrix} 2 & 2 \\ -3 & -5 \end{pmatrix}$

● 第十話

あいじょう物語

●宿題 9 の答　（1）$P = \begin{pmatrix} 1 & -1 \\ 1 & 1 \end{pmatrix}$ とすれば, $P^{-1} = \dfrac{1}{2}\begin{pmatrix} 1 & 1 \\ -1 & 1 \end{pmatrix}$, $P^{-1}(浦島)P = \begin{pmatrix} 1 & 0 \\ 0 & -1 \end{pmatrix}$ となる.

（2）$P = \begin{pmatrix} 1 & 2 \\ 0 & 3 \end{pmatrix}$ とすれば, $P^{-1} = \dfrac{1}{3}\begin{pmatrix} 3 & -2 \\ 0 & 1 \end{pmatrix}$, $P^{-1}(舞)P = \begin{pmatrix} 0 & 0 \\ 0 & 6 \end{pmatrix}$ となる.

（3）$P = \begin{pmatrix} -2 & 1 \\ 1 & -3 \end{pmatrix}$ とすれば, $P^{-1} = \dfrac{1}{5}\begin{pmatrix} -3 & -1 \\ -1 & -2 \end{pmatrix}$, $P^{-1}AP = \begin{pmatrix} 1 & 0 \\ 0 & -4 \end{pmatrix}$ となる.

浦島　腰元の順子の出身地は八王子だそうですが, 八王子は昔, お花畑だったそうですな.

姫　それは初耳だわ.

浦島 花がいっぱい咲いて，ミツバチがたくさん飛んでいました．それを人々がじーっと見ていました．ハチをじーっと見つめ，ハチをじーっ，で「はちおーじ」となったんじゃございませんか？

姫 ずいぶん手がこんでいますね．感心しました．今日はいよいよ桃子のあいじょうを求めることになります．浦島さま，心の準備はよろしいですか？

浦島 いやあ，なんだかドキドキしてきました．気合いを入れて，桃子のあいじょうを求めたいと存じます！

◉ 簡単なケース

姫 じつは桃子のあいじょうは少し複雑なので，もっと簡単な例をいくつか考えてみましょう．

●例題 1 次の行列の i 乗を求めよ ($i = 1, 2, 3, \cdots$).

(1) $\begin{pmatrix} 0 & 1 \\ 0 & 1 \end{pmatrix}$ 　　(2) $\begin{pmatrix} 1 & 0 \\ 1 & 0 \end{pmatrix}$ 　　(3) (順子)

浦島 そんなに簡単には見えませんが．

姫 まず (1) ですが，2 乗を計算してみて下さい．

浦島 はい．同じものを 2 つかけますから，

$$\begin{pmatrix} 0 & 1 \\ 0 & 1 \end{pmatrix}^2 = \begin{pmatrix} 0 & 1 \\ 0 & 1 \end{pmatrix} \begin{pmatrix} 0 & 1 \\ 0 & 1 \end{pmatrix}$$
$$= \begin{pmatrix} 0 & 1 \\ 0 & 1 \end{pmatrix}$$

となります．

姫 3 乗はどうなります？

浦島 えーと，

$$\begin{pmatrix} 0 & 1 \\ 0 & 1 \end{pmatrix}^3 = \begin{pmatrix} 0 & 1 \\ 0 & 1 \end{pmatrix}^2 \begin{pmatrix} 0 & 1 \\ 0 & 1 \end{pmatrix}$$

$$= \begin{pmatrix} 0 & 1 \\ 0 & 1 \end{pmatrix} \begin{pmatrix} 0 & 1 \\ 0 & 1 \end{pmatrix}$$

$$= \begin{pmatrix} 0 & 1 \\ 0 & 1 \end{pmatrix}$$

となって，ははあ，なるほど．

姫 ということは…

浦島 4乗すると，

$$\begin{pmatrix} 0 & 1 \\ 0 & 1 \end{pmatrix}^4 = \begin{pmatrix} 0 & 1 \\ 0 & 1 \end{pmatrix}^3 \begin{pmatrix} 0 & 1 \\ 0 & 1 \end{pmatrix}$$

$$= \begin{pmatrix} 0 & 1 \\ 0 & 1 \end{pmatrix} \begin{pmatrix} 0 & 1 \\ 0 & 1 \end{pmatrix}$$

$$= \begin{pmatrix} 0 & 1 \\ 0 & 1 \end{pmatrix}$$

となりますが，あと 5 乗でも 6 乗でも情況は同じなので，

$$\begin{pmatrix} 0 & 1 \\ 0 & 1 \end{pmatrix}^i = \begin{pmatrix} 0 & 1 \\ 0 & 1 \end{pmatrix}$$

となって，i 乗が求まりました．

姫 正解です．何乗しても変わらない，ということですね．(2) はいかがでしょう？

浦島 (2) は

$$\begin{pmatrix} 1 & 0 \\ 1 & 0 \end{pmatrix}$$

ですな．2 乗してみますと，

$$\begin{pmatrix} 1 & 0 \\ 1 & 0 \end{pmatrix}^2 = \begin{pmatrix} 1 & 0 \\ 1 & 0 \end{pmatrix} \begin{pmatrix} 1 & 0 \\ 1 & 0 \end{pmatrix}$$

$$= \begin{pmatrix} 1 & 0 \\ 1 & 0 \end{pmatrix}$$

となって，

$$\begin{pmatrix} 1 & 0 \\ 1 & 0 \end{pmatrix}^2 = \begin{pmatrix} 1 & 0 \\ 1 & 0 \end{pmatrix}$$

ですから2乗しても変わりませんな．そうすると (1) と同じ考え方が適用できますから，
$$\begin{pmatrix} 1 & 0 \\ 1 & 0 \end{pmatrix}^i = \begin{pmatrix} 1 & 0 \\ 1 & 0 \end{pmatrix}$$
となって i 乗が求まりました．

姫　正解です．(3) はいかがでしょう？

浦島　えーと，(3) は
$$(順子) = \begin{pmatrix} 1 & 1 \\ 0 & 1 \end{pmatrix}$$
ですから，まず2乗してみると，
$$(順子)^2 = \begin{pmatrix} 1 & 1 \\ 0 & 1 \end{pmatrix} \begin{pmatrix} 1 & 1 \\ 0 & 1 \end{pmatrix}$$
$$= \begin{pmatrix} 1 & 2 \\ 0 & 1 \end{pmatrix}$$
となって，あれ？　今までとちがうなあ．
$$(順子)^2 = \begin{pmatrix} 1 & 2 \\ 0 & 1 \end{pmatrix}$$
となりましたぞ．

姫　2乗しても変わらない，というわけには行きませんねえ．

浦島　さてどうしたものか…

姫　$(順子)^3$ を計算してみてはいかがでしょう？

浦島　3乗するのですか？　そうしますと，
$$(順子)^3 = (順子)^2(順子)$$
$$= \begin{pmatrix} 1 & 2 \\ 0 & 1 \end{pmatrix} \begin{pmatrix} 1 & 1 \\ 0 & 1 \end{pmatrix}$$
$$= \begin{pmatrix} 1 & 3 \\ 0 & 1 \end{pmatrix}$$
ですから，
$$(順子)^3 = \begin{pmatrix} 1 & 3 \\ 0 & 1 \end{pmatrix}$$

となりました．

姫　(順子)^1, (順子)^2, (順子)^3 を3つ並べてみて下さい．

浦島　(順子)^1 というのは (順子) を1回かけるわけだから (順子) と同じですな．そうしますと，

$$(順子)^1 = \begin{pmatrix} 1 & 1 \\ 0 & 1 \end{pmatrix}, \quad (順子)^2 = \begin{pmatrix} 1 & 2 \\ 0 & 1 \end{pmatrix}, \quad (順子)^3 = \begin{pmatrix} 1 & 3 \\ 0 & 1 \end{pmatrix}$$

となって，あれれ？

姫　ひらめきましたか？

浦島　ひらめきました．

$$(順子)^i = \begin{pmatrix} 1 & i \\ 0 & 1 \end{pmatrix}$$

でございます．

姫　正解です．

●例題1の答　（1）$\begin{pmatrix} 0 & 1 \\ 0 & 1 \end{pmatrix}^i = \begin{pmatrix} 0 & 1 \\ 0 & 1 \end{pmatrix}$　（2）$\begin{pmatrix} 1 & 0 \\ 1 & 0 \end{pmatrix}^i = \begin{pmatrix} 1 & 0 \\ 1 & 0 \end{pmatrix}$　（3）$(順子)^i = \begin{pmatrix} 1 & i \\ 0 & 1 \end{pmatrix}$

●数学的帰納法

姫　例題1の(3)の答，

$$(順子)^i = \begin{pmatrix} 1 & i \\ 0 & 1 \end{pmatrix}$$

ですが，「ひらめき」だけではいささか心細いので，**数学的帰納法**で確かめておきましょう．

浦島　「すうがくてききのうほう」ですか？　長い名前ですなあ．

姫　長すぎてイヤだとおっしゃるなら，「数学的」を取ってしまって**帰納法**でも結構です．

浦島　きのう勉強したから「きのう法」ですか？

姫　そうかもしれませんね．

　　確かめたいのは次のことです．

[主張] $i = 1, 2, 3, \cdots$ のとき，

$$(順子)^i = \begin{pmatrix} 1 & i \\ 0 & 1 \end{pmatrix} \qquad \cdots (*)$$

が成り立つ．

姫　この主張が正しいことを示すには，次の (1) と (2) を確かめればよい，というのが数学的帰納法の考え方です．

(1) $i = 1$ のとき，$(*)$ が成り立つ．

(2) $i = k$ のとき $(*)$ が成り立つならば，$i = k+1$ のときにも $(*)$ が成り立つ．

姫　問題の $(*)$ という式には i という文字が入っています．$(*)$ は i という番号が付いた式と考えることができます．$i = 1, 2, 3, \cdots$ ですから，無数にたくさんの式が番号順に並んでいるわけです．それらがすべて成り立つことを主張しているのです．

　　上の (2) は何を言ってるのかといいますと，ある番号の $(*)$ が成り立つならば，その次の番号の $(*)$ も成り立つ，ということです．

　　上の (1) によって最初の番号 ($i = 1$) の $(*)$ が成り立つ．すると (2) によってその次の番号 ($i = 2$) の $(*)$ が成り立つ．すると (2) によってその次の番号 ($i = 3$) の $(*)$ が成り立つ．というふうにして，すべての番号の $(*)$ が次々と成り立つことが示される，という考え方です．

浦島　ドミノ倒しですな．

姫　まさにその通り！　さすがは浦島さまです．次の図のようなイメージでしょうか．

姫 さてそれでは，$i = 1, 2, 3, \cdots$ のとき，
$$(\text{順子})^i = \begin{pmatrix} 1 & i \\ 0 & 1 \end{pmatrix} \qquad \cdots (*)$$
が成り立つことを確かめましょう．まず $i = 1$ のとき，
$$(\text{順子})^1 = (\text{順子}) = \begin{pmatrix} 1 & 1 \\ 0 & 1 \end{pmatrix}$$
ですから $(*)$ は成立しています．つぎに $i = k$ のとき $(*)$ が成り立つとしますと，
$$(\text{順子})^k = \begin{pmatrix} 1 & k \\ 0 & 1 \end{pmatrix}$$
ですが，この右から行列
$$(\text{順子}) = \begin{pmatrix} 1 & 1 \\ 0 & 1 \end{pmatrix}$$
をかけて，
$$(\text{順子})^{k+1} = \begin{pmatrix} 1 & k \\ 0 & 1 \end{pmatrix} \begin{pmatrix} 1 & 1 \\ 0 & 1 \end{pmatrix}$$
$$= \begin{pmatrix} 1 & 1+k \\ 0 & 1 \end{pmatrix}.$$
したがって，
$$(\text{順子})^{k+1} = \begin{pmatrix} 1 & k+1 \\ 0 & 1 \end{pmatrix}$$
となります．これは $i = k+1$ のときに $(*)$ が成り立つことを示しています．数学的帰納法により，問題の「主張」が正しいことを確かめました．

浦島 なるほど．「ドミノ倒し」の考え方はおもしろいですなあ．

●対角行列の i 乗

姫 対角行列の i 乗は簡単に求められます．すなわち，

$i = 1, 2, 3, \cdots$ のとき，

$$\begin{pmatrix} a & 0 \\ 0 & d \end{pmatrix}^i = \begin{pmatrix} a^i & 0 \\ 0 & d^i \end{pmatrix}$$

が成り立つ．

姫 これも数学的帰納法で確かめておきましょう．$i=1$ のときは両辺とも

$$\begin{pmatrix} a & 0 \\ 0 & d \end{pmatrix}$$

という行列ですから，成立しています．つぎに $i=k$ のとき成立しているとすると，

$$\begin{pmatrix} a & 0 \\ 0 & d \end{pmatrix}^k = \begin{pmatrix} a^k & 0 \\ 0 & d^k \end{pmatrix}$$

となりますから，この両辺に行列

$$\begin{pmatrix} a & 0 \\ 0 & d \end{pmatrix}$$

を右からかけますと，

$$\begin{pmatrix} a & 0 \\ 0 & d \end{pmatrix}^{k+1} = \begin{pmatrix} a^k & 0 \\ 0 & d^k \end{pmatrix}\begin{pmatrix} a & 0 \\ 0 & d \end{pmatrix}$$
$$= \begin{pmatrix} a^k \cdot a & 0 \\ 0 & d^k \cdot d \end{pmatrix}$$
$$= \begin{pmatrix} a^{k+1} & 0 \\ 0 & d^{k+1} \end{pmatrix}$$

となって，$i=k+1$ のときにも成立することが示されます．

浦島 なるほど．それで「証明終わり」ですな．

●対角化を用いる方法

姫 行列の i 乗に関して，次のことが成り立ちます．

A, P がともに **2** 次の正方行列で P が正則のとき，

$$(P^{-1}AP)^i = P^{-1}A^iP$$

が成り立つ．

姫　数学的帰納法で確かめておきましょう．$i=1$ のときは両辺とも
$$P^{-1}AP$$
ですから成立．$i=k$ のとき成り立つとすると
$$(P^{-1}AP)^k = P^{-1}A^k P.$$
この両辺に行列
$$P^{-1}AP$$
を右からかけますと，
$$(P^{-1}AP)^{k+1} = P^{-1}A^k PP^{-1}AP$$
$$= P^{-1}A^k(PP^{-1})AP$$
$$= P^{-1}A^k EAP$$
$$= P^{-1}A^k AP$$
$$= P^{-1}A^{k+1}P$$
となって，$i=k+1$ のときにも成り立つことがわかります．

浦島　これで昨日の「対角化」とつながってくるのか！　なんとなく見えてきましたぞ．

姫　見えてきましたか？　さすがは浦島さま，頼もしいですわ．練習問題をやってみましょう．

●例題 2　次の行列の i 乗を求めよ $(i=1,\ 2,\ 3,\ \cdots)$．

$(1)\ A = \begin{pmatrix} 1 & 2 \\ 3 & 0 \end{pmatrix}$　　$(2)\ B = \begin{pmatrix} 0 & 3 \\ 2 & 5 \end{pmatrix}$

姫　まず (1) ですが，いかがでしょう？

浦島　対角化を使う，とひらめきましたので，まず固有値を求めます．固有方程式は
$$|A - xE| = \begin{vmatrix} 1-x & 2 \\ 3 & 0-x \end{vmatrix}$$

$$= (1-x)(0-x) - 2 \times 3$$
$$= x(x-1) - 6$$
$$= x^2 - x - 6$$
$$= (x+2)(x-3)$$
$$= 0$$

ですから，A の固有値は 3 と -2 です．

姫　重解ではありませんね．

浦島　したがって A は対角化可能です．変換行列は固有ベクトルを並べればできるので，まず固有値 3 に対する固有ベクトルを 1 つ求めます．

$$A - 3E = \begin{pmatrix} 1-3 & 2 \\ 3 & 0-3 \end{pmatrix} = \begin{pmatrix} -2 & 2 \\ 3 & -3 \end{pmatrix}$$

ですから，

$$(A - 3E)\begin{pmatrix} x \\ y \end{pmatrix} = \begin{pmatrix} -2 & 2 \\ 3 & -3 \end{pmatrix}\begin{pmatrix} x \\ y \end{pmatrix}$$
$$= \begin{pmatrix} -2x + 2y \\ 3x - 3y \end{pmatrix}$$
$$= \begin{pmatrix} 0 \\ 0 \end{pmatrix}$$

より，1 つの固有ベクトルとして

$$\begin{pmatrix} 1 \\ 1 \end{pmatrix}$$

が取れます．

姫　なるほど．

浦島　次に固有値 -2 に対する固有ベクトルを 1 つ求めます．

$$A - (-2)E = \begin{pmatrix} 1-(-2) & 2 \\ 3 & 0-(-2) \end{pmatrix} = \begin{pmatrix} 3 & 2 \\ 3 & 2 \end{pmatrix}$$

ですから，

$$(A - (-2)E)\begin{pmatrix} x \\ y \end{pmatrix} = \begin{pmatrix} 3 & 2 \\ 3 & 2 \end{pmatrix}\begin{pmatrix} x \\ y \end{pmatrix}$$

$$= \begin{pmatrix} 3x + 2y \\ 3x + 2y \end{pmatrix}$$
$$= \begin{pmatrix} 0 \\ 0 \end{pmatrix}$$

より，たとえば
$$\begin{pmatrix} -2 \\ 3 \end{pmatrix}$$
が取れます．

姫 そうですねえ．

浦島 2つの固有ベクトルを並べて，行列
$$P = \begin{pmatrix} 1 & -2 \\ 1 & 3 \end{pmatrix}$$
を作りますと，行列式の値が
$$|P| = 1 \times 3 - (-2) \times 1 = 5$$
ですから，P の逆行列は
$$P^{-1} = \frac{1}{5}\begin{pmatrix} 3 & 2 \\ -1 & 1 \end{pmatrix}$$
となります．

姫 逆行列の公式を使うわけですね．

浦島 はい，そこで，
$$P^{-1}AP = \frac{1}{5}\begin{pmatrix} 3 & 2 \\ -1 & 1 \end{pmatrix}\begin{pmatrix} 1 & 2 \\ 3 & 0 \end{pmatrix}\begin{pmatrix} 1 & -2 \\ 1 & 3 \end{pmatrix}$$
$$= \frac{1}{5}\begin{pmatrix} 9 & 6 \\ 2 & -2 \end{pmatrix}\begin{pmatrix} 1 & -2 \\ 1 & 3 \end{pmatrix}$$
$$= \frac{1}{5}\begin{pmatrix} 15 & 0 \\ 0 & -10 \end{pmatrix}$$
$$= \begin{pmatrix} 3 & 0 \\ 0 & -2 \end{pmatrix}$$
と対角化されました．

姫 さすがは浦島さま，すばらしいですわ．

浦島 先ほど確かめたことを使いますと，

$$\begin{pmatrix} 3 & 0 \\ 0 & -2 \end{pmatrix}^i = \begin{pmatrix} 3^i & 0 \\ 0 & (-2)^i \end{pmatrix}, \quad (P^{-1}AP)^i = P^{-1}A^iP$$

ですから，

$$P^{-1}AP = \begin{pmatrix} 3 & 0 \\ 0 & -2 \end{pmatrix}$$

を i 乗して，

$$P^{-1}A^iP = \begin{pmatrix} 3^i & 0 \\ 0 & (-2)^i \end{pmatrix}$$

となります．

姫 すごいすごい！ A^i が見えてきましたね．

浦島 左から P を，右から P^{-1} をかけますと，

$$P(P^{-1}A^iP)P^{-1} = (PP^{-1})A^i(PP^{-1}) = A^i$$

ですから，

$$\begin{aligned} A^i &= P \begin{pmatrix} 3^i & 0 \\ 0 & (-2)^i \end{pmatrix} P^{-1} \\ &= \begin{pmatrix} 1 & -2 \\ 1 & 3 \end{pmatrix} \begin{pmatrix} 3^i & 0 \\ 0 & (-2)^i \end{pmatrix} \frac{1}{5} \begin{pmatrix} 3 & 2 \\ -1 & 1 \end{pmatrix} \end{aligned}$$

となりますが，$\dfrac{1}{5}$ がジャマですな．

姫 行列の積では，スカラーを前に出すことができますよ．

浦島 なるほど．そうしますと，

$$\begin{aligned} A^i &= \frac{1}{5} \begin{pmatrix} 1 & -2 \\ 1 & 3 \end{pmatrix} \begin{pmatrix} 3^i & 0 \\ 0 & (-2)^i \end{pmatrix} \begin{pmatrix} 3 & 2 \\ -1 & 1 \end{pmatrix} \\ &= \frac{1}{5} \begin{pmatrix} 3^i & (-2)^{i+1} \\ 3^i & 3\cdot(-2)^i \end{pmatrix} \begin{pmatrix} 3 & 2 \\ -1 & 1 \end{pmatrix} \\ &= \frac{1}{5} \begin{pmatrix} 3^{i+1} - (-2)^{i+1} & 2\cdot 3^i + (-2)^{i+1} \\ 3^{i+1} - 3\cdot(-2)^i & 2\cdot 3^i + 3\cdot(-2)^i \end{pmatrix} \end{aligned}$$

となります．

姫 お見事です！

浦島 (2) も同じようにやればできそうですな．

$$B = \begin{pmatrix} 0 & 3 \\ 2 & 5 \end{pmatrix}$$

ですから固有方程式は

$$\begin{aligned}
|B - xE| &= \begin{vmatrix} 0-x & 3 \\ 2 & 5-x \end{vmatrix} \\
&= -x(5-x) - 3 \times 2 \\
&= x(x-5) - 6 \\
&= x^2 - 5x - 6 \\
&= (x+1)(x-6) \\
&= 0
\end{aligned}$$

となって B の固有値は 6 と -1 でしょ．固有値 6 に対する固有ベクトルは，

$$B - 6E = \begin{pmatrix} 0-6 & 3 \\ 2 & 5-6 \end{pmatrix} = \begin{pmatrix} -6 & 3 \\ 2 & -1 \end{pmatrix}$$

を用いて，

$$\begin{pmatrix} -6 & 3 \\ 2 & -1 \end{pmatrix} \begin{pmatrix} x \\ y \end{pmatrix} = \begin{pmatrix} -6x + 3y \\ 2x - y \end{pmatrix} = \begin{pmatrix} 0 \\ 0 \end{pmatrix}$$

を満たす x, y をさがすと，

$$\begin{pmatrix} 1 \\ 2 \end{pmatrix}$$

が 1 つの固有ベクトルですな．

姫 なるほど．

浦島 固有値 -1 に対する固有ベクトルをさがすと，

$$B - (-1)E = \begin{pmatrix} 0-(-1) & 3 \\ 2 & 5-(-1) \end{pmatrix} = \begin{pmatrix} 1 & 3 \\ 2 & 6 \end{pmatrix}$$

ですから，

$$\begin{pmatrix} 1 & 3 \\ 2 & 6 \end{pmatrix} \begin{pmatrix} x \\ y \end{pmatrix} = \begin{pmatrix} x + 3y \\ 2x + 6y \end{pmatrix} = \begin{pmatrix} 0 \\ 0 \end{pmatrix}$$

を満たす $\mathbf{0}$ でないベクトルとして,
$$\begin{pmatrix} -3 \\ 1 \end{pmatrix}$$
が取れます．2つの固有ベクトルを並べて
$$P = \begin{pmatrix} 1 & -3 \\ 2 & 1 \end{pmatrix}$$
とおき，逆行列を求めると，
$$P^{-1} = \frac{1}{7}\begin{pmatrix} 1 & 3 \\ -2 & 1 \end{pmatrix}$$
となるので，
$$\begin{aligned} P^{-1}BP &= \frac{1}{7}\begin{pmatrix} 1 & 3 \\ -2 & 1 \end{pmatrix}\begin{pmatrix} 0 & 3 \\ 2 & 5 \end{pmatrix}\begin{pmatrix} 1 & -3 \\ 2 & 1 \end{pmatrix} \\ &= \frac{1}{7}\begin{pmatrix} 6 & 18 \\ 2 & -1 \end{pmatrix}\begin{pmatrix} 1 & -3 \\ 2 & 1 \end{pmatrix} \\ &= \frac{1}{7}\begin{pmatrix} 42 & 0 \\ 0 & -7 \end{pmatrix} \\ &= \begin{pmatrix} 6 & 0 \\ 0 & -1 \end{pmatrix} \end{aligned}$$

と対角化されます．

姫 順調ですねえ．

浦島 両辺を i 乗して
$$P^{-1}B^i P = \begin{pmatrix} 6^i & 0 \\ 0 & (-1)^i \end{pmatrix}.$$
左から P を，右から P^{-1} をかけて，
$$\begin{aligned} B^i &= P\begin{pmatrix} 6^i & 0 \\ 0 & (-1)^i \end{pmatrix}P^{-1} \\ &= \begin{pmatrix} 1 & -3 \\ 2 & 1 \end{pmatrix}\begin{pmatrix} 6^i & 0 \\ 0 & (-1)^i \end{pmatrix}\frac{1}{7}\begin{pmatrix} 1 & 3 \\ -2 & 1 \end{pmatrix} \\ &= \frac{1}{7}\begin{pmatrix} 6^i & -3\cdot(-1)^i \\ 2\cdot 6^i & (-1)^i \end{pmatrix}\begin{pmatrix} 1 & 3 \\ -2 & 1 \end{pmatrix} \end{aligned}$$

$$= \frac{1}{7}\begin{pmatrix} 6^i + 6 \cdot (-1)^i & 3 \cdot 6^i - 3 \cdot (-1)^i \\ 2 \cdot 6^i - 2 \cdot (-1)^i & 6^{i+1} + (-1)^i \end{pmatrix}$$

と求まりました.

姫 パチパチパチ(拍手).

浦島 計算ちがいしないかとヒヤヒヤしました.

姫 検算するには数学的帰納法で確かめるのがよろしいでしょう. まず (1) の

$$A^i = \frac{1}{5}\begin{pmatrix} 3^{i+1} - (-2)^{i+1} & 2 \cdot 3^i + (-2)^{i+1} \\ 3^{i+1} - 3 \cdot (-2)^i & 2 \cdot 3^i + 3 \cdot (-2)^i \end{pmatrix}$$

から. $i = 1$ のとき, 右辺は

$$\frac{1}{5}\begin{pmatrix} 3^2 - (-2)^2 & 2 \cdot 3 + (-2)^2 \\ 3^2 - 3 \cdot (-2) & 2 \cdot 3 + 3 \cdot (-2) \end{pmatrix} = \frac{1}{5}\begin{pmatrix} 9 - 4 & 6 + 4 \\ 9 + 6 & 6 - 6 \end{pmatrix}$$

$$= \frac{1}{5}\begin{pmatrix} 5 & 10 \\ 15 & 0 \end{pmatrix}$$

$$= \begin{pmatrix} 1 & 2 \\ 3 & 0 \end{pmatrix}$$

ですから成り立っています. $i = k$ のとき成り立つとすると

$$A^k = \frac{1}{5}\begin{pmatrix} 3^{k+1} - (-2)^{k+1} & 2 \cdot 3^k + (-2)^{k+1} \\ 3^{k+1} - 3 \cdot (-2)^k & 2 \cdot 3^k + 3 \cdot (-2)^k \end{pmatrix}$$

となるので, A を右からかけますと,

$$A^{k+1} = \frac{1}{5}\begin{pmatrix} 3^{k+1} - (-2)^{k+1} & 2 \cdot 3^k + (-2)^{k+1} \\ 3^{k+1} - 3 \cdot (-2)^k & 2 \cdot 3^k + 3 \cdot (-2)^k \end{pmatrix}\begin{pmatrix} 1 & 2 \\ 3 & 0 \end{pmatrix}$$

$$= \frac{1}{5}\begin{pmatrix} 3 \cdot 3^{k+1} + 2(-2)^{k+1} & 2 \cdot 3^{k+1} - 2(-2)^{k+1} \\ 3 \cdot 3^{k+1} + 2 \cdot 3 \cdot (-2)^k & 2 \cdot 3^{k+1} - 2 \cdot 3 \cdot (-2)^k \end{pmatrix}$$

$$= \frac{1}{5}\begin{pmatrix} 3^{k+2} - (-2)^{k+2} & 2 \cdot 3^{k+1} + (-2)^{k+2} \\ 3^{k+2} - 3 \cdot (-2)^{k+1} & 2 \cdot 3^{k+1} + 3 \cdot (-2)^{k+1} \end{pmatrix}$$

となって, $i = k+1$ のときにも成り立つことが確かめられます.

浦島 検算になっているわけですな.

姫 次に (2) の

$$B^i = \frac{1}{7}\begin{pmatrix} 6^i + 6 \cdot (-1)^i & 3 \cdot 6^i - 3 \cdot (-1)^i \\ 2 \cdot 6^i - 2 \cdot (-1)^i & 6^{i+1} + (-1)^i \end{pmatrix}$$

ですが, $i=1$ のとき右辺は

$$\frac{1}{7}\begin{pmatrix} 6+6\cdot(-1) & 3\cdot 6 - 3\cdot(-1) \\ 2\cdot 6 - 2\cdot(-1) & 6^2 + (-1) \end{pmatrix} = \frac{1}{7}\begin{pmatrix} 6-6 & 18+3 \\ 12+2 & 36-1 \end{pmatrix}$$
$$= \frac{1}{7}\begin{pmatrix} 0 & 21 \\ 14 & 35 \end{pmatrix}$$
$$= \begin{pmatrix} 0 & 3 \\ 2 & 5 \end{pmatrix}$$

ですから成り立っています. $i=k$ のとき成り立つとすると

$$B^k = \frac{1}{7}\begin{pmatrix} 6^k + 6\cdot(-1)^k & 3\cdot 6^k - 3\cdot(-1)^k \\ 2\cdot 6^k - 2\cdot(-1)^k & 6^{k+1} + (-1)^k \end{pmatrix}$$

ですが, 右から B をかけて,

$$B^{k+1} = \frac{1}{7}\begin{pmatrix} 6^k + 6\cdot(-1)^k & 3\cdot 6^k - 3\cdot(-1)^k \\ 2\cdot 6^k - 2\cdot(-1)^k & 6^{k+1} + (-1)^k \end{pmatrix}\begin{pmatrix} 0 & 3 \\ 2 & 5 \end{pmatrix}$$
$$= \frac{1}{7}\begin{pmatrix} 6^{k+1} - 6\cdot(-1)^k & 6\cdot 3\cdot 6^k + 3\cdot(-1)^k \\ 2\cdot 6^{k+1} + 2\cdot(-1)^k & 6\cdot 6^{k+1} - (-1)^k \end{pmatrix}$$
$$= \frac{1}{7}\begin{pmatrix} 6^{k+1} + 6\cdot(-1)^{k+1} & 3\cdot 6^{k+1} - 3\cdot(-1)^{k+1} \\ 2\cdot 6^{k+1} - 2\cdot(-1)^{k+1} & 6^{k+2} + (-1)^{k+1} \end{pmatrix}$$

となって, $i=k+1$ のときにも成り立つことがわかります.

●例題 2 の答 (1) $A^i = \dfrac{1}{5}\begin{pmatrix} 3^{i+1} - (-2)^{i+1} & 2\cdot 3^i + (-2)^{i+1} \\ 3^{i+1} - 3\cdot(-2)^i & 2\cdot 3^i + 3\cdot(-2)^i \end{pmatrix}$

(2) $B^i = \dfrac{1}{7}\begin{pmatrix} 6^i + 6\cdot(-1)^i & 3\cdot 6^i - 3\cdot(-1)^i \\ 2\cdot 6^i - 2\cdot(-1)^i & 6^{i+1} + (-1)^i \end{pmatrix}$

● 桃子のあいじょうを求める

姫 さて浦島さま, いよいよ桃子のあいじょうを求めるときがやってまいりました.

浦島 来ましたか. なんだか緊張しますなあ. 行列の対角化を使えば求まりそうな気がしますが・・・

姫　さあどうでしょうか．

●問題　行列 $\begin{pmatrix} 0 & 7 \\ 1 & 3 \end{pmatrix}$ を (桃子) とおく．このとき (桃子)^i を求めよ ($i=1, 2, 3, \cdots$)．

姫　いかがでございます，浦島さま？

浦島　まず (桃子) の固有値を求めます．固有方程式は
$$|(桃子) - xE| = \begin{vmatrix} 0-x & 7 \\ 1 & 3-x \end{vmatrix}$$
$$= -x(3-x) - 7 \times 1$$
$$= x(x-3) - 7$$
$$= x^2 - 3x - 7$$
$$= 0,$$
すなわち，
$$x^2 - 3x - 7 = 0$$
ですが，ありゃりゃ，因数分解できないぞ．

姫　そういう時はどうなさいます？

浦島　えーとえーと，そうだ！ 2次方程式の解の公式を使うのですな！ 固有方程式の解は，
$$x = \frac{3 \pm \sqrt{9 - 4 \cdot (-7)}}{2} = \frac{3 \pm \sqrt{37}}{2}$$
となって，(桃子) の固有値は
$$\frac{3 + \sqrt{37}}{2}, \quad \frac{3 - \sqrt{37}}{2}$$
の 2 つです．うわあフクザツ！　めんどくさそう！

姫　桃子のあいじょうは少し複雑なのかもしれませんね．計算がごちゃごちゃするのを防ぐために，

$$\alpha = \frac{3+\sqrt{37}}{2}, \qquad \beta = \frac{3-\sqrt{37}}{2}$$

と記号で表しておきましょう．α はアルファ，β はベータと読みます．(桃子) の固有値は α, β の2つです．

浦島 固有値が重なってないので対角化できるはず，とひらめきました．

姫 さすがは浦島さま，すばらしい！

浦島 固有値 α に対する固有ベクトルは，

$$(桃子) - \alpha E = \begin{pmatrix} 0-\alpha & 7 \\ 1 & 3-\alpha \end{pmatrix} = \begin{pmatrix} -\alpha & 7 \\ 1 & 3-\alpha \end{pmatrix}$$

より，

$$\begin{pmatrix} -\alpha & 7 \\ 1 & 3-\alpha \end{pmatrix} \begin{pmatrix} x \\ y \end{pmatrix} = \begin{pmatrix} -\alpha x + 7y \\ x + (3-\alpha)y \end{pmatrix} = \begin{pmatrix} 0 \\ 0 \end{pmatrix},$$

すなわち

$$\begin{cases} -\alpha x + 7y = 0 \\ x + (3-\alpha)y = 0 \end{cases}$$

を解けば求まるはずだが，はてな？

姫 α は固有方程式

$$x^2 - 3x - 7 = 0$$

の解ですから，

$$\alpha^2 - 3\alpha - 7 = 0$$

が成り立っていますよ．

浦島 固有ベクトルを全部求めなくても，1つだけ求めればよいのだから，そうか，ひらめきましたぞ！

$$x = 7, \qquad y = \alpha$$

とすれば，

$$\begin{cases} -\alpha x + 7y = 0 \\ x + (3-\alpha)y = 0 \end{cases}$$

の2式がともに満たされるので，

$$\begin{pmatrix} 7 \\ \alpha \end{pmatrix}$$

は 1 つの固有ベクトルです．

姫　すばらしい「ひらめき」です！

浦島　固有値 β に対する固有ベクトルは，今の α を β に置き換えるだけであとはかわりませんから，

$$\begin{pmatrix} 7 \\ \beta \end{pmatrix}$$

を取れます．2 つの固有ベクトルを並べて

$$P = \begin{pmatrix} 7 & 7 \\ \alpha & \beta \end{pmatrix}$$

とおきます．逆行列は，

$$P^{-1} = \frac{1}{7(\beta - \alpha)} \begin{pmatrix} \beta & -7 \\ -\alpha & 7 \end{pmatrix}$$

となり，

$$\begin{aligned} P^{-1}(桃子)P &= \frac{1}{7(\beta - \alpha)} \begin{pmatrix} \beta & -7 \\ -\alpha & 7 \end{pmatrix} \begin{pmatrix} 0 & 7 \\ 1 & 3 \end{pmatrix} \begin{pmatrix} 7 & 7 \\ \alpha & \beta \end{pmatrix} \\ &= \frac{1}{7(\beta - \alpha)} \begin{pmatrix} -7 & 7(\beta - 3) \\ 7 & 7(3 - \alpha) \end{pmatrix} \begin{pmatrix} 7 & 7 \\ \alpha & \beta \end{pmatrix} \\ &= \frac{1}{\beta - \alpha} \begin{pmatrix} -1 & \beta - 3 \\ 1 & 3 - \alpha \end{pmatrix} \begin{pmatrix} 7 & 7 \\ \alpha & \beta \end{pmatrix} \\ &= \frac{1}{\beta - \alpha} \begin{pmatrix} -7 + \alpha(\beta - 3) & -7 + \beta(\beta - 3) \\ 7 + \alpha(3 - \alpha) & 7 + \beta(3 - \alpha) \end{pmatrix} \end{aligned}$$

となって，あれれ？

姫　α, β を元に戻して計算するとゴチャゴチャするので，もう少し楽をしましょう．α と β は

$$x^2 - 3x - 7 = 0$$

の 2 つの解でしたから，「解と係数の関係」から，

$$\alpha + \beta = 3 \qquad \cdots (1)$$

$$\alpha\beta = -7 \qquad \cdots (2)$$

が成り立ちます(直接計算しても出てきます).また,
$$\alpha^2 - 3\alpha - 7 = 0 \quad \cdots (3)$$
$$\beta^2 - 3\beta - 7 = 0 \quad \cdots (4)$$
なので,
$$-7 + \alpha(\beta - 3) = \alpha\beta + \alpha(-\alpha),$$
$$7 + \alpha(3 - \alpha) = -(\alpha^2 - 3\alpha - 7) = 0$$
となります.

浦島　なるほど.
$$-7 + \beta(\beta - 3) = \beta^2 - 3\beta - 7 = 0,$$
$$7 + \beta(3 - \alpha) = -\alpha\beta + \beta \cdot \beta$$
となるので,
$$P^{-1}(桃子)P = \frac{1}{\beta - \alpha} \begin{pmatrix} \alpha\beta - \alpha^2 & 0 \\ 0 & \beta^2 - \alpha\beta \end{pmatrix}$$
$$= \frac{1}{\beta - \alpha} \begin{pmatrix} \alpha(\beta - \alpha) & 0 \\ 0 & \beta(\beta - \alpha) \end{pmatrix}$$
$$= \begin{pmatrix} \alpha & 0 \\ 0 & \beta \end{pmatrix}$$
となって,(桃子)が P を使って対角化されました.

姫　どうやらうまく行きそうですね.

浦島　したがって,
$$P^{-1}(桃子)^i P = \begin{pmatrix} \alpha^i & 0 \\ 0 & \beta^i \end{pmatrix}$$
より,
$$(桃子)^i = P \begin{pmatrix} \alpha^i & 0 \\ 0 & \beta^i \end{pmatrix} P^{-1}$$
$$= \begin{pmatrix} 7 & 7 \\ \alpha & \beta \end{pmatrix} \begin{pmatrix} \alpha^i & 0 \\ 0 & \beta^i \end{pmatrix} \frac{1}{7(\beta - \alpha)} \begin{pmatrix} \beta & -7 \\ -\alpha & 7 \end{pmatrix}$$
$$= \frac{1}{7(\beta - \alpha)} \begin{pmatrix} 7\alpha^i & 7\beta^i \\ \alpha^{i+1} & \beta^{i+1} \end{pmatrix} \begin{pmatrix} \beta & -7 \\ -\alpha & 7 \end{pmatrix}$$

$$= \frac{1}{7(\beta-\alpha)} \begin{pmatrix} 7\alpha^i\beta - 7\alpha\beta^i & -7^2\alpha^i + 7^2\beta^i \\ \alpha^{i+1}\beta - \alpha\beta^{i+1} & -7\alpha^{i+1} + 7\beta^{i+1} \end{pmatrix}$$

ですが，(2) より

$$\alpha\beta = -7$$

ですから，

$$(桃子)^i = \frac{1}{7(\beta-\alpha)} \begin{pmatrix} 7\alpha\beta(\alpha^{i-1} - \beta^{i-1}) & -7^2\alpha^i + 7^2\beta^i \\ \alpha\beta(\alpha^i - \beta^i) & -7\alpha^{i+1} + 7\beta^{i+1} \end{pmatrix}$$

$$= \frac{1}{\alpha-\beta} \begin{pmatrix} 7(\alpha^{i-1} - \beta^{i-1}) & 7(\alpha^i - \beta^i) \\ \alpha^i - \beta^i & \alpha^{i+1} - \beta^{i+1} \end{pmatrix}$$

と求まりました．

姫 やりましたねえ．せっかくですから，念のため「数学的帰納法」で確かめておきましょう．

浦島 はい．

$$(桃子)^i = \frac{1}{\alpha-\beta} \begin{pmatrix} 7(\alpha^{i-1} - \beta^{i-1}) & 7(\alpha^i - \beta^i) \\ \alpha^i - \beta^i & \alpha^{i+1} - \beta^{i+1} \end{pmatrix}$$

という式 $(i = 1, 2, 3, \cdots)$ を数学的帰納法で確かめます．

まず $i = 1$ のとき，

$$左辺 = (桃子) = \begin{pmatrix} 0 & 7 \\ 1 & 3 \end{pmatrix},$$

$$右辺 = \frac{1}{\alpha-\beta} \begin{pmatrix} 7(\alpha^0 - \beta^0) & 7(\alpha - \beta) \\ \alpha - \beta & \alpha^2 - \beta^2 \end{pmatrix}$$

ですが，0 乗は 1 なので

$$\alpha^0 = 1, \qquad \beta^0 = 1.$$

また，先ほどの「解と係数の関係」の (1) から

$$\alpha^2 - \beta^2 = (\alpha+\beta)(\alpha-\beta) = 3(\alpha-\beta).$$

したがって，

$$右辺 = \frac{1}{\alpha-\beta} \begin{pmatrix} 7(1-1) & 7(\alpha-\beta) \\ \alpha-\beta & 3(\alpha-\beta) \end{pmatrix}$$

$$= \begin{pmatrix} 0 & 7 \\ 1 & 3 \end{pmatrix}$$

となりますから，$i=1$ のときには成り立っています．

$i=k$ のときに成り立つとすると，
$$(桃子)^k = \frac{1}{\alpha-\beta}\begin{pmatrix} 7(\alpha^{k-1}-\beta^{k-1}) & 7(\alpha^k-\beta^k) \\ \alpha^k-\beta^k & \alpha^{k+1}-\beta^{k+1} \end{pmatrix}$$

なので，右から (桃子) をかけます．

$$(桃子)^{k+1} = \frac{1}{\alpha-\beta}\begin{pmatrix} 7(\alpha^{k-1}-\beta^{k-1}) & 7(\alpha^k-\beta^k) \\ \alpha^k-\beta^k & \alpha^{k+1}-\beta^{k+1} \end{pmatrix}\begin{pmatrix} 0 & 7 \\ 1 & 3 \end{pmatrix}$$
$$= \frac{1}{\alpha-\beta}\begin{pmatrix} 7(\alpha^k-\beta^k) & 7^2(\alpha^{k-1}-\beta^{k-1})+3\cdot 7(\alpha^k-\beta^k) \\ \alpha^{k+1}-\beta^{k+1} & 7(\alpha^k-\beta^k)+3(\alpha^{k+1}-\beta^{k+1}) \end{pmatrix}$$

となりますが，ここで先ほどの (3)，(4) より
$$\begin{cases} 7+3\alpha = \alpha^2 \\ 7+3\beta = \beta^2 \end{cases}$$

ですから，
$$7^2(\alpha^{k-1}-\beta^{k-1}) + 3\cdot 7(\alpha^k-\beta^k)$$
$$= 7^2\alpha^{k-1} + 3\cdot 7\alpha^k - 7^2\beta^{k-1} - 3\cdot 7\beta^k$$
$$= 7\alpha^{k-1}(7+3\alpha) - 7\beta^{k-1}(7+3\beta)$$
$$= 7\alpha^{k-1}\cdot\alpha^2 - 7\beta^{k-1}\cdot\beta^2$$
$$= 7\alpha^{k+1} - 7\beta^{k+1},$$

$$7(\alpha^k-\beta^k) + 3(\alpha^{k+1}-\beta^{k+1})$$
$$= 7\alpha^k + 3\cdot\alpha^{k+1} - 7\beta^k - 3\beta^{k+1}$$
$$= \alpha^k(7+3\alpha) - \beta^k(7+3\beta)$$
$$= \alpha^k\cdot\alpha^2 - \beta^k\cdot\beta^2$$
$$= \alpha^{k+2} - \beta^{k+2}$$

となります．したがって，
$$(桃子)^{k+1} = \frac{1}{\alpha-\beta}\begin{pmatrix} 7(\alpha^k-\beta^k) & 7(\alpha^{k+1}-\beta^{k+1}) \\ \alpha^{k+1}-\beta^{k+1} & \alpha^{k+2}-\beta^{k+2} \end{pmatrix}$$

となり，$i=k+1$ のときにも成り立つことが示されました．数学的帰納法により「証明終わり」でございます．

姫　お見事です！

問題の答　$(桃子)^i = \dfrac{1}{\alpha - \beta} \begin{pmatrix} 7(\alpha^{i-1} - \beta^{i-1}) & 7(\alpha^i - \beta^i) \\ \alpha^i - \beta^i & \alpha^{i+1} - \beta^{i+1} \end{pmatrix}$.
ただし $\alpha = \dfrac{3 + \sqrt{37}}{2}$, $\beta = \dfrac{3 - \sqrt{37}}{2}$ とする $(i = 1, 2, 3, \cdots)$.

エピローグ

姫　わずか2週間で課題を達成することができましたね．

浦島　「数学オンチ」のワシがよくここまで来たと自分でも感心してしまいます．これもみな姫さまのおかげ，感謝感激雨あられでございます．

姫　行列の i 乗を求めるのに「ケイリー・ハミルトンの定理」という定理を用いる方法もあるのですが，ここでは割愛しました．数学上級者の方にはおすすめかもしれません．

浦島　課題であった桃子のあいじょうはずいぶんフクザツでしたが，求まってしまいました．来週からはどういたしましょう？

姫　せっかくここまで来たのですから，もう少し線形代数のお勉強を続けたいと思います．来週からは次の本をテキストにいたしますので，週末に少し予習をしておいて下さい．

線形代数千一夜物語（小松建三著，数学書房）

浦島　変わった題名の本ですなあ．ワシにも読めるのでしょうか？

姫　今の浦島さまにはちょうどよろしいと思いますよ．1冊さし上げます．

浦島　ありがとう存じます．

姫　ところで，宗どのから聞いた話ですが，浦島さまは政治家をめざしていらっしゃるのですか？

浦島　はい．自分に何ができるかいろいろ考えましたが，充電期間が終わりましたら国会議員に立候補しようと思っております．

姫　すばらしい着眼点ですわ．この国で「浦島太郎」を知らない人はいませんもの．知名度抜群で，立候補なさればご当選まちがいありません！

浦島　ありがとう存じます．国会議員に当選できましたら，桃子に結婚を申し込むつもりでございます．

姫　あらあら．「超年の差カップル」で，世界中の話題になりますわよ，きっと．

浦島　「超人の時代から長寿者の時代へ」を旗印に，長寿者の先頭に立って「総理大臣」をめざします．

姫　浦島さまが総理大臣に？　夢のようなお話ですわ．

浦島　長寿者なればこそ見えてくる世界がございます．目先にとらわれず広い視野で物事を見る．今，この国の政治は浦島を必要としている，そう確信するようになりました．

姫　最近，理系の出身者が首相になるケースが目立っています．理系だから「論理的に物事を考える」と注目する人も少なくありません．これからは文系であっても，リーダーをめざす人は数学の「線形代数」と「微分積分」ぐらいは，すこし勉強しておいた方がいいかもしれませんわね．

浦島　微分積分というといかにも高等数学といいますか，難しくて手が出ないという印象がありますが．

姫　そんなことはありませんのよ．浦島さまにおすすめの本がございます．

微かに分かる微分積分（小松建三著，数学書房）

浦島　これも変わった題名ですなあ．

姫　微分を「微かに分かる」と読んで，タイトルがダジャレになっています．これも1冊さし上げますので，おヒマなときに読んでみて下さい．きっと笑えると思いますよ．

浦島　ありがとう存じます．姫さまには何から何までお世話になり，お礼の言葉も見つかりません．

姫　そう言えば，あの有名な玉手箱．どうなさいました？

浦島　思い出の品ゆえ，今も大切に保管しております．

姫　先日どこで聞きつけてきたものか，中島という骨董屋が訪ねてまいりました．浦島さまがお持ちの玉手箱をぜひ譲って頂きたいと申すのです．

浦島　玉手箱を？

姫　金はいくらでも出すと言っておりました．

浦島　いくらでも？

姫　正真正銘，本物の玉手箱ですから，骨董屋としては何が何でも手に入れたいのでしょう．

浦島　はあ…

姫　浦島さま，政治活動には何かとお金がかかります．いくら資金を準備しても，これで十分ということはございません．骨董屋に玉手箱をお売りになれば，目の玉のとび出るようなお金が手に入ります．それを政治資金として有効にお使いになってはいかがですか？　浦島さま，玉手箱をお売りなさいませ．

浦島　（大阪弁できっぱりと）うらしまへん！

　浦島太郎と数学姫のお話は，これにてひとまずお開きといたします．線形代数のはじめの一歩．どうもお疲れさまでした！

あとがき

　街を歩いているフツーの人の多くは，高校で習った数学はもちろん，中学で習った数学についても，もうかなり忘れてしまっているでしょう．使わなければ忘れるのはアタリマエ．ごく自然なことです．

　街で売られているフツーの数学書の多くは，高校数学を既知として書かれています．フツーの人とフツーの数学書．両者の間に大きなギャップがあることにお気付きでしょう．

　フツーの人向けに数学の本を書くことは本当に難しい！　偽らざる実感です．同時に，非常にやり甲斐のあるおもしろい仕事でもあります．マニュアルはありませんが，無限の可能性があります．

　この本がきっかけとなって，少しでも多くの「フツーの人」が，少しでも数学に興味をもち，少しでも数学オンチを改善し，少しでも数学を好きになって下さることを，心から願いつつ筆をおきます．

小松建三

●索引

あ 行

因数分解 　　　　　　　　　　82

か 行

帰納法 　　　　　　　　　　　146
逆行列 　　　　　　　　　　　 43
逆行列の公式 　　　　　　　　 47
行 　　　　　　　　　　　　2, 29
行番号 　　　　　　　　　　　 3
行列 　　　　　　　　　　　　 2
行列式 　　　　　　　　　　　 27
行列式の性質 　　　　　　　　 29
行列とベクトルの積 　　　　　 60
行列の i 乗 　　　　　　　　　22
行列のスカラー倍 　　　　　　 9
行列の積 　　　　　　　　　　 15
行列の和 　　　　　　　　　　 5
クラメールの公式 　　　　　　 62
ケイリー・ハミルトンの定理　 165
結合法則 　　　　　　　　　　 19
固有値 　　　　　　　　　 95, 116
固有ベクトル 　　　　　　108, 116
固有ベクトルの存在 　　　　　119
固有方程式 　　　　　　　　　116

さ 行

錯角 　　　　　　　　　　　　 72
三平方の定理 　　　　　　　　 73
数学的帰納法 　　　　　　　　146
スカラー 　　　　　　　　　　 24
正則行列 　　　　　　　　　　 44
正則行列の積 　　　　　　　　 54
成分 　　　　　　　　　　　2, 59

正方行列 　　　　　　　　　　 4
積の行列式 　　　　　　　　　 34
零行列 　　　　　　　　　　　 8
零ベクトル 　　　　　　　　　 60
線形代数 　　　　　　　　　　 iv

た 行

対角化 　　　　　　　　　　　125
対角化可能 　　　　　　　　　127
対角行列 　　　　　　　　124, 148
対角成分 　　　　　　　　　　124
対頂角 　　　　　　　　　　　 71
単位行列 　　　　　　　　　　 41
展開 　　　　　　　　　　　　 78
同位角 　　　　　　　　　　　 72

な 行

内角の和 　　　　　　　　　　 70
2次の正方行列 　　　　　　　 5
2次方程式の解の公式 　　　　 86

は 行

ピタゴラスの定理 　　　　　　 73
分配法則 　　　　　　　20, 23, 77
平方根 　　　　　　　　　　　 40
ベクトル 　　　　　　　　　　 59
変換行列 　　　　　　　　127, 129

ま 行

文字式の計算 　　　　　　　　 76

ら 行

列　　　　　　　　　2, 29
列番号　　　　　　　　3
連立1次方程式　　　　58

小松建三
こまつ・けんぞう

東京都出身
早稲田大学大学院理工学研究科博士課程修了(数学専攻)
理学博士(専門は整数論)

2007年3月まで慶應義塾大学において
「わかりやすく楽しい数学の授業」を実践．
同大学退職後，数学教育の改革を目指して
著作活動を開始．

著書
『線形代数千一夜物語』(数学書房，2008)
『微かに分かる微分積分』(数学書房，2009)
『群論なんかこわくない』(数学書房，2012)

すうがくひめ
数学姫 —— 浦島太郎の挑戦

2010年5月15日　第1版第1刷発行
2017年3月30日　第1版第3刷発行

著者　　小松建三
発行者　横山 伸
発行　　有限会社　数学書房
　　　　〒101-0051　千代田区神田神保町1-32南部ビル
　　　　TEL　03-5281-1777
　　　　FAX　03-5281-1778
　　　　mathmath@sugakushobo.co.jp
　　　　振替口座　00100-0-372475
印刷　　モリモト印刷
組版　　アベリー
装幀　　林 健造

ⓒKenzo Komatsu 2010　Printed in Japan
ISBN 978-4-903342-20-7

数学書房

線形代数千一夜物語
小松建三 著
数学の特殊な記号・用語をできるだけ使わず普通の言葉を優先して使い，よりわかりやすい解説をめざした．奇想天外，ユーモア全開の数学案内書．
1,900円／A5判／978-4-903342-04-7

微かに分かる微分積分
小松建三 著
女子大生2人が，お寺に駆け込み，宇散草居和尚のもとで微分積分の「修行」をする．微積は楽しい！
1,900円／A5判／978-4-903342-09-2

群論なんかこわくない
小松建三 著
楽しく学ぶ抽象数学．予備知識ゼロの状態から出発し，超スローペースで群の準同形定理まで到達します．
1,900円／A5判／978-4-903342-68-9

素数モンスター　100までの数とそのキャラクターたち
R.E.シュワルツ 著　下川理人・下川航也 共訳
素数ってなに？ 素因数分解とは？ 数のひみつをモンスターが教えてくれる！
2,000円／B5変形判／978-4-903342-79-5

数理と社会〈増補第2版〉身近な数学でリフレッシュ
河添健 著
各種数理モデルを理解する知識が身につくことをめざす．増補版以降のメルセンヌ素数の発見，地震の発生など時代に併せて加筆した．
1,900円／四六判／978-4-903342-82-5

この定理が美しい
数学書房編集部 編
「数学は美しい」と感じたことがありますか？ 数学者の目に映る美しい定理とはなにか？ 熱き思いを20名が語る．
2,300円／A5判／978-4-903342-10-8

この数学書がおもしろい〈増補新版〉
数学書房編集部 編
数学者・物理学者など51名が，お薦めの書，思い出の一冊を紹介．
2,000円／A5判／978-4-903342-64-1

価格税別表示